工程施工、质量与监理简明实用手册

公路工程

杨建宏　吕俊平　陈浙江　王云江　编

中国建筑工业出版社

图书在版编目（CIP）数据

公路工程/杨建宏等编．—北京：中国建筑工业出版社，2013.5
工程施工、质量与监理简明实用手册
ISBN 978-7-112-15273-5

I.①公… II.①杨… III.①道路工程—工程施工—手册②道路工程—工程质量—施工监理—手册 IV.①TU391

中国版本图书馆 CIP 数据核字（2013）第 197970 号

工程施工、质量与监理简明实用手册
公路工程
杨建宏　吕俊平　陈浙江　王云江　编

*
中国建筑工业出版社出版、发行（北京西郊百万庄）
各地新华书店、建筑书店经销
北京永峥印刷有限公司制版
北京市安泰印刷厂印刷
*
开本：787×1092 毫米　1/32　印张：7⅜　字数：165 千字
2013 年 8 月第一版　2013 年 8 月第一次印刷
定价：25.00 元
ISBN 978-7-112-15273-5
（23195）

《工程施工、质量与监理简明实用手册——公路工程》主要介绍公路工程建设中的工程质量评定、路基土石方工程、排水工程、挡土墙、防护及其他筑造工程、路面工程、桥梁工程、涵洞工程、隧道工程、交通安全设施、环保工程等内容。全书依据国家颁布的现行标准、规范。

　　本书可供公路工程建设领域的施工、质量与监理等相关人员使用，也可供大专院校师生学习使用。

*　　*　　*

责任编辑：王　磊　田启铭
责任设计：董建平
责任校对：姜小莲　刘　钰

《工程施工、质量与监理简明实用手册》
编写委员会

主　任：王云江
副主任：毛晨阳　吴光洪　韩毅敏　童国友
　　　　李中瑞　敬佰文　伍华星　何静姿
编　委：丛福祥　张炎良　翁大庆　杨建宏
　　　　应小平　祝　峰　夏晓春　缪　琪
　　　　马晓华　蒋宏伟　冯旭峰　杨惠忠
　　　　占　宏　朱怀甫

《工程施工、质量与监理简明实用手册
——公路工程》分编委会

主　编：杨建宏　吕俊平　陈浙江　王云江
参　编：邱祥林　姚永鹤　刘建峰　蒙　媛
　　　　施晓丽　何和平　应志明　章新宇

4

前　　言

　　为便于施工现场技术人员及时解决现场施工实际技术问题，应备有简明实用的小型工具书。为此，我们策划出版了一套《工程施工、质量与监理简明实用手册》丛书，包括以下分册：

　　建筑工程、安装工程、装饰工程、市政工程、园林工程、公路工程、基坑支护、垃圾填埋场、水利工程、楼宇智能、节能工程、城市轨道交通（地铁）。

　　《工程施工、质量与监理简明实用手册》是"口袋书"，手册中收集了施工、质量与监理施工现场工作中最常用的数据和资料。内容简明、实用、便于携带、随时查阅、使用方便、便于现场及时查阅有关资料，能够解决施工现场遇到的具体问题。

　　《工程施工、质量与监理简明实用手册——公路工程》以国家现行公路工程相关材料、施工与质量验收标准规范为基础，结合公路工程施工现场实际情况编写。本手册共分 10 章：第 1 章　工程质量评定，第 2 章　路基土石方工程，第 3 章　排水工程，第 4 章　挡土墙、防护及其他筑造工程，第 5 章　路面工程，第 6 章　桥梁工程，第 7 章　涵洞工程，第 8 章　隧道工程，第 9 章　交通安全设施，第 10 章　环保工程；基本覆盖了公路工程施工专业的主要应用领域。本手册的编写，旨在为广大公路工程施工人员，也包括设计人员提供一本有关公路工程施工各个方面的简明、实用、系统、齐全的参考工具书,以帮助现场施工人员快速判断施工质量。

本手册由杨建宏、吕俊平、陈浙江、王云江编。

本手册在编写过程中得到了鲲鹏建设集团有限公司、浙江绩丰岩土技术股份有限公司、龙晟建设有限公司、浙江东方工程管理有限公司、浙江八达交通建设有限公司、江西昭通建设工程有限公司的大力支持,在此表示感谢!

本手册可作为资料齐全、查找方便的技术性工具书。限于水平,本书难免有疏漏和不当之处,敬请广大读者不吝指正。

目　录

9

1 工程质量评定

1.1 一般规定

1.1.1 建设单位应在施工准备阶段根据建设任务、施工管理和质量检验评定的需要,组织施工单位和监理单位按表1.1.1-1、表1.1.1-2将建设项目划分为单位工程、分部工程和分项工程。施工单位、工程监理单位应按相同的工程项目划分进行工程质量的监控和管理。

公路工程一般建设项目的分部分项工程划分

表1.1.1-1

单位工程	分部工程	分 项 工 程
路基工程 (每10km或 每标段)	路基土石方工程* (1~3km路段)①	土方路基*,石方路基*,软土地基*,土工合成材料处治层*等
	排水工程(1~3km 路段)	管节预制,管道基础及管节安装*,检查(雨水)井砌筑*,土沟,浆砌排水沟*,盲沟,跌水,急流槽*,水簸箕,排水泵站等
	小桥及符合小桥标 准的通道*,人行天 桥,渡槽(每座)	基础及下部构造*,上部构造预制、安装或浇筑*,桥面,栏杆,人行道等
	涵洞、通道(1~ 3km路段)	基础及下部构造*,主要构件预制、安装或浇筑*,填土,总体等
	砌筑防护工程(1~ 3km路段)	挡土墙*,墙背填土,抗滑桩*,锚喷防护*,锥、护坡,导流工程,石笼防护等
	大型挡土墙*,组 合式挡土墙*(每处)	基础*,墙身,墙背填土,构件预制*,构件安装*,筋带,锚杆、拉杆,总体*等

続表

单位工程	分部工程	分 项 工 程
路面工程（每10km或每标段）	路面工程（1～3km路段）*	底基层，基层*，面层*，垫层，联结层，路缘石，人行道，路肩，路面边缘排水系统等
桥梁工程[②]（特大、大中桥）	基础及下部构造*（每桥或每墩、台）	扩大基础，桩基*，地下连续墙*，承台，沉井*，桩的制作*，钢筋加工及安装，墩台身（砌体）浇筑*，墩台身安装，墩台帽*，组合桥台*，台背填土，支座垫石和挡块等
	上部构造预制和安装*	主要构件预制*，其他构件预制*，钢筋加工及安装，预应力筋的加工和张拉*，梁板安装，悬臂拼装*，顶推施工梁*，拱圈节段预制，拱的安装，转体施工拱*，劲性骨架拱肋安装*，钢管拱肋制作*，钢管拱肋安装*，吊杆制作和安装*，钢梁制作*，钢梁安装，钢梁防护*等
	上部构造现场浇筑*	钢筋加工及安装，预应力筋的加工和张拉*，主要构件浇筑*，其他构件浇筑，悬臂浇筑*，劲性骨架混凝土*，钢管混凝土拱*等
	总体、桥面系和附属工程	桥梁总体*，桥面防水层施工，桥面铺装*，钢桥面铺装*，支座安装，搭板，伸缩缝安装，大型伸缩缝安装*，栏杆安装，混凝土护栏，人行道铺设，灯柱安装等
	防护工程	护坡，护岸*，导流工程*，石笼防护，砌石工程等
	引道工程	路基*，路面*，挡土墙*，小桥*，涵洞*，护栏等
互通立交工程	桥梁工程*（每座）	桥梁总体，基础及下部构造*，上部构造预制、安装或浇筑*，支座安装，支座垫石，桥面铺装*，护栏，人行道等
	主线路基路面工程*（1～3km路段）	见路基、路面等分项工程
	匝道工程（每条）	路基*，路面*，通道*，护坡，挡土墙*，护栏等

2

单位工程	分部工程	分 项 工 程
隧道工程	总体	隧道总体*等
	明洞	明洞浇筑,明洞防水层,明洞回填*,等
	洞口工程	洞口开挖,洞口边仰坡防护,洞门和翼墙的浇(砌)筑,截水沟、洞口排水沟等
	洞身开挖	洞身开挖*,(分段)等
	洞身衬砌	(钢纤维)喷射混凝土支护,锚杆支护,钢筋网支护,仰拱,混凝土衬砌*,钢支撑,衬砌钢筋等
	防排水	防水层,止水带、排水沟等
	隧道路面	基层*,面层*,等
	装饰	装饰工程
	辅助施工措施	超前锚杆,超前钢管等
环保工程	声屏障(每处)	声屏障
	绿化工程(1~3km 路段或每处)	中央分隔带绿化,路侧绿化,互通立交绿化,服务区绿化,取弃土场绿化等
交通安全设施(每20km或每标段)	标志*(5~10km 路段)	标志*
	标线、突起路标 (5~10km 路段)	标线*,突起路标等
	护栏*、轮廓标 (5~10km)	波形梁护栏*,缆索护栏*,混凝土护栏*,轮廓标等
	防眩设施(5~10km 路段)	防眩板、网等
	隔离栅、防落网 (5~10km 路段)	隔离栅、防落网等

3

单位工程	分部工程	分 项 工 程
机电工程	监控设施	车辆检测器,气象检测器,闭路电视监视系统,可变标志,光电缆线路,监控(分)中心设备安装及软件调测,大屏幕投影系统,地图板,计算机监控软件与网络等
	通信设施	通信管道与光电缆线路,光纤数字传输系统,数字程控交换系统,紧急电话系统,无线移动通信系统,通信电源等
	收费设施	入口车道设备,出口车道设备,收费站设备及软件,收费中心设备及软件,IC卡及发卡编码系统,闭路电视监视系统,内部有线对讲及紧急报警系统,收费站内光,电缆及塑料管道,收费系统计算机网络等
	低压配电设施	中心(站)内低压配电设备,外场设备电力电缆线路等
	照明设施	照明设施
	隧道机电设施	车辆检测器,气象检测器,闭路电视监视系统,紧急电话系统,环境检测设备,报警与诱导设施,可变标志,通风设施,照明设施,消防设施,本地控制器,隧道监控中心计算机控制系统,隧道监控中心计算机网络,低压供配电等
房屋建筑工程		(按其专业工程质量检验评定标准评定)

注: 1. 表内标注*号者为主要工程,评分时给以2的权值;不带*号者为一般工程,权值为1。
　　 2. 护岸参照挡土墙。
　　①按路段长度划分的分部工程,高速公路、一级公路宜取低值,二级及二级以下公路可取高值。
　　②斜拉桥和悬索桥可参照附表1.1.1-2进行划分。

1. 单位工程:在建设项目中,根据签订的合同,具有独立施工条件的工程。

2. 分部工程:在单位工程中,应按结构部位、路段长度及施工特点或施工任务划分为若干个分部工程。

3. 分项工程:在分部工程中,应按不同的施工方法、材料、工序及路段长度等划分为若干个分项工程。

1.1.2 在工程项目划分的基础上，进行质量检验评分。工程质量检验评分以分项工程为单元，采用100分制进行。在分项工程评分的基础上，逐级计算各相应分部工程、单位工程、合同段和建设项目评分值。

1.1.3 在工程质量检验评分的基础上，进行工程质量等级评定。工程质量等级评定分为合格与不合格，应按分项工程、分部工程、单位工程、合同段和建设项目逐级评定。

1.1.4 工程质量评定主要包括三个方面：项目划分、工程质量检验评分和工程质量等级评定。项目划分一般是指将建设项目划分为单位工程、分部工程和分项工程的过程。

①按路段长度划分的分部工程，高速公路、一级公路宜取低值，二级及二级以下公路可取高值。

②斜拉桥和悬索桥可参照附表1.1.1-2进行划分。

特大斜拉桥和悬索桥为主体建设项目的分部、分项工程划分

表1.1.1-2

单位工程	分部工程	分　项　工　程
塔及辅助、过渡墩（每座）	塔基础*	钢筋加工及安装，扩大基础，桩基*，地下连续墙*，沉井*等
	塔承台*	钢筋加工及安装，双壁钢围堰*，封底，承台浇筑*，等
	索塔*	索塔*
	辅助墩	钢筋加工，基础，墩台身浇（砌）筑，墩台身安装，墩台帽，盖梁等
	过渡墩	
锚碇	锚碇基础*	钢筋加工及安装，扩大基础，桩基*，地下连续墙*，沉井*，大体积混凝土构件*等
	锚体*	锚固体系制作*，锚固体系安装*，锚碇块体，预应力锚索的张拉与压浆*等

单位工程	分部工程	分 项 工 程
上部结构制作与防护（钢结构）	斜拉索*	斜拉索制作与防护*
	主缆(索股)*	索股和锚头的制作与防护*
	索鞍*	主索鞍和散索鞍制作与防护*
	索夹	索夹制作与防护
	吊索	吊索和锚头制作与防护*等
	加劲梁*	加劲梁段制作*，加劲梁防护等
上部结构浇筑与安装	悬浇*	梁段浇筑*
	安装*	加劲梁安装*，索鞍安装*，主缆架设*，索夹和吊索安装*等
	工地防护*	工地防护*
	桥面系及附属工程	桥面防水层的施工，桥面铺装，钢桥面板上防水粘结层的洒布，钢桥面板上沥青混凝土铺装*，支座安装*，抗风支座安装，伸缩缝安装，人行道铺设，栏杆安装，防撞护栏等
	桥梁总体	桥梁总体*
引 桥		（参见附表1.1.1-1"桥梁工程"）
引 道		（参见附表1.1.1-1"路基工程"和"路面工程"）
互通立交工程		（参见附表1.1.1-1"互通立交工程"）
交通安全设施		（参见附表1.1.1-1"交通安全设施"）

注：表内标注*号者为主要工程，评分时给以2的权值；不带*号者为一般工程，权值为1。

1.2 工程质量评分

1.2.1 分项工程评分方法

1. 分项工程质量检验内容包括基本要求、实测项目、外观鉴定和质量保证资料四个部分。只有在其使用的原材料、半成品、成品及施工工艺符合基本要求的规定，且无严重外观缺陷和质量保证资料真实并基本齐全时，才能对分项工程质量进行检验评定。

2. 基本要求具有质量否决权，经检查基本要求不符合规定时，不得进行工程质量的检验和评定。

3. 在文中以"△"标识的实测项目为关键项目，关键项目是指分项工程中涉及结构安全和使用功能的实测项目。这些实测项目合格率不得低于90%（属于工厂加工制造的桥梁金属构件不低于95%，机电工程为100%），且检测值不得超过规定极值，否则必须进行返工处理。

4. 实测项目的规定极值是指任一单个检测值都不能突破的极限值，不符合要求时该实测项目为不合格。

5. 分项工程值取决于实测项目得分值，实测项目得分值的确定主要有两种：合格率评分法和数理统计评分法，具体见实测项目计分部分。

6. 用数理统计方法评定的实测项目都被列为关键项目，不符合要求时则该分项工程评为不合格。这些项目包括：路基路面压实度、水泥混凝土弯拉强度、水泥混凝土抗压强度、喷射混凝土抗压强度、水泥砂浆强度、半刚性基层和底基层材料、路面结构层厚度评定、路基（柔性基层、沥青路面弯沉值）、横向力系数。以上项目在评定时都应有计算书，体现数理统计方法评定过程，并按要求得出结果或结论。

7. 分项工程计分应遵循以下规定：评分值满分为100分，按实测项目得分采用加权平均法计算。存在外观缺陷或资料不全时，须予减分。

$$分项工程得分 = \frac{\sum [检查项目得分 \times 权值]}{\sum 检查项目权值}$$

分项工程评分值 = 分项工程得分 – 外观缺陷减分 – 资料不全减分

1）基本要求检查

分项工程所列基本要求，对施工质量优劣具有关键作用，应按基本要求对工程进行认真检查。经检查不符合基本要求规定时，不得进行工程质量的检验和评定。

2）实测项目计分

①对规定检查项目采用现场抽样方法，按照规定频率和下列计分方法对分项工程的施工质量直接进行检测计分。

②除按数理统计方法评定的项目以外，其他检查项目均应按照是否符合规定值进行评定，并按合格率计分。

③规定值是指单点（组）测定值应达到或满足《公路工程质量检验评定标准》中规定的要求值。

$$检查项目合格率(\%) = \frac{检查合格的点(组)数}{该检查项目的全部检查点(组)数} \times 100 \ (\%)$$

$$检查项目得分 = 检查项目合格率 \times 100$$

3）外观缺陷减分

对工程外表状况应逐项进行全面检查，如发现外观缺陷，应进行减分。对于较严重的外观缺陷，施工单位须采取措施进行整修处理。

4）资料不全减分

分项工程的施工资料和图表残缺，缺乏最基本的数据，或有伪造涂改者，不予检验和评定。资料不全者应予减分，减分幅度可按"质量保证资料"所列各款逐款检查，视资料不全情况，每款减 1 ~ 3 分。

1.2.2　分部工程和单位工程质量评分

分项工程和分部工程区分为一般工程和主要（主体）工程，分别给以1和2的权值。进行分部工程和单位工程评分时，采用加权平均值计算法确定相应的评分值。

分部(单位)工程评分值 =
$$\frac{\sum[分项(分部)工程评分值 \times 相应权值]}{\sum 分项(分部)工程权值}$$

1.2.3　合同段和建设项目工程质量评分

合同段和建设项目工程质量评分值按现行《公路工程竣（交）工验收办法》计算。

1.2.4　质量保证资料

施工单位应有完整的施工原始记录、试验数据、分项工程自查数据等质量保证资料，并进行整理分析，负责提交齐全、真实和系统的施工资料和图表。工程监理单位负责提交齐全、真实和系统的监理资料。质量保证资料应包括以下六个方面：

1）所用原材料、半成品和成品质量检验结果；

2）材料配比、拌和加工控制检验和试验数据；

3）地基处理、隐蔽工程施工记录和大桥、隧道施工监控资料；

4）各项质量控制指标的试验记录和质量检验汇总图表；

5）施工过程中遇到的非正常情况记录及其对工程质量影响分析；

6）施工过程中如发生质量事故，经处理补救后，达到设计要求的认可证明文件等。

1.3　工程质量等级评定

1.3.1　分项工程质量等级评定

1. 分项工程评分值不小于75分者为合格，小于75分者为不合格；机电工程、属于工厂加工制造的桥梁金属构件不小于90分者为合格，小于90分者为不合格。

2. 评定为不合格的分项工程，经加固、补强或返工、调测，满足设计要求后，可以重新评定其质量等级，但计算分部工程评分值时按其复评分值的90%计算。

1.3.2 分部工程质量等级评定

所属各分项工程全部合格，则该分部工程评为合格；所属任一分项工程不合格，则该分部工程为不合格。

1.3.3 单位工程质量等级评定

所属各分部工程全部合格，则该单位工程评为合格；所属任一分部工程不合格，则该单位工程为不合格。

1.3.4 合同段和建设项目质量等级评定

合同段和建设项目所含单位工程全部合格，其工程质量等级为合格；所属任一单位工程不合格，则合同段和建设项目为不合格。

1.4 路基、路面压实度评定

1.4.1 路基和路面基层、底基层的压实度以重型击实标准为准。沥青层压实度以《公路沥青路面施工技术规范》JTG F40—2004 的规定为准。

对于特殊干旱、潮湿地区或过湿土，以路基设计施工规范规定的压实度标准进行评定。

1.4.2 标准密度应做平行试验，求其平均值作为现场检验的标准值。对于均匀性差的路基土质和路面结构层材料，应根据实际情况增补标准密度试验，求得相应的标准值，以控

制和检验施工质量。

1.4.3 路基、路面压实度以 1~3km 长的路段为检验评定单元，按要求的检测频率进行现场压实度抽样检查，求算每一测点的压实度 k_i。细粒土现场压实度检查可以采用灌砂法或环刀法；粗粒土及路面结构层压实度检查可以采用灌砂法、水袋法或钻孔取样蜡封法。应用核子密度仪时，须经对比试验检验，确认其可靠性。

检验评定段的压实度代表值 k（算术平均值的下置信界限）为：

$$k = \bar{k} - \frac{t_a}{\sqrt{n}} s \geq k_0 \qquad (1.4.3)$$

式中 $\bar{k}$——检验评定段内测点压实度的平均值；

t_a——t 分布表中随测点数和保证率（或置信度 a）而变的系数，可见表 1.4.3，采用的保证率：高速公路、一级公路：基层、底基层为 99%，路基、路面面层为 95%；其他公路：基层、底基层为 95%，路基、路面面层为 90%；

s——检测值的标准差；

n——检测点数；

k_0——压实度标准值。

$t_a/\sqrt{n}$值　　　　　　　　　　　　　表 1.4.3

保证率 n	99%	95%	90%	保证率 n	99%	95%	90%
2	22.501	4.465	2.176	7	1.188	0.734	0.544
3	4.021	1.686	1.089	8	1.060	0.670	0.500
4	2.270	1.177	0.819	9	0.966	0.620	0.466
5	1.676	0.953	0.686	10	0.892	0.580	0.437
6	1.374	0.823	0.603	11	0.833	0.546	0.414

保证率 n	99%	95%	90%	保证率 n	99%	95%	90%
12	0.785	0.518	0.393	26	0.487	0.335	0.258
13	0.744	0.494	0.376	27	0.477	0.328	0.253
14	0.708	0.473	0.361	28	0.467	0.322	0.248
15	0.678	0.455	0.347	29	0.458	0.316	0.244
16	0.651	0.438	0.335	30	0.449	0.310	0.239
17	0.626	0.423	0.324	40	0.383	0.266	0.206
18	0.605	0.410	0.314	50	0.340	0.237	0.184
19	0.586	0.398	0.305	60	0.308	0.216	0.167
20	0.568	0.387	0.297	70	0.285	0.199	0.155
21	0.552	0.376	0.289	80	0.266	0.186	0.145
22	0.537	0.367	0.282	90	0.249	0.175	0.136
23	0.523	0.358	0.275	100	0.236	0.166	0.12
24	0.510	0.350	0.269	>100	$\dfrac{2.3265}{\sqrt{n}}$	$\dfrac{1.6449}{\sqrt{n}}$	$\dfrac{1.2815}{\sqrt{n}}$
25	0.498	0.342	0.264				

1.4.4 路基、基层和底基层：$k \geqslant k_0$，且单点压实度 k_i 全部大于等于规定值减 2 个百分点时，评定路段的压实度合格率为 100%；当 $k \geqslant k_0$，且单点压实度全部大于等于规定极值时，按测定值不低于规定值减 2 个百分点的测点数计算合格率。

$k < k_0$ 或某一单点压实度 k_i 小于规定极值时，该评定路段压实度为不合格，相应分项工程评为不合格。

1.4.5 路堤施工段落短时，分层压实度应每点符合要求，且样本数不少于 6 个。

1.4.6 沥青面层：当 $k \geqslant k_0$ 且全部测点大于等于规定值减 1

个百分点时，评定路段的压实度合格率为 100% ；当 $k \geqslant k_0$ 时，按测定值不低于规定值减 1 个百分点的测点数计算合格率。

$k < k_0$ 时，评定路段的压实度为不合格，相应分项工程评为不合格。

1.5 水泥混凝土弯拉强度评定

1.5.1 混凝土弯拉强度试验方法。

应使用标准小梁法或钻芯劈裂法，试件使用标准方法制作，标准养生时间28d。高速公路和一级公路每工作班制作 2~4 组：日进度大于 1000m 取 4 组，大于等于 500m 取 3 组，小于 500m 取 2 组。其他公路每工作班制作 1~3 组：日进度大于 1000m 取 3 组，大于等于 500m，取 2 组，小于 500m 取 1 组。每组 3 个试件的平均值作为一个统计数据。

1.5.2 混凝土弯拉强度的合格标准。

1. 试件组数大于 10 组时，平均弯拉强度合格判断式为：

$$f_{cs} \geqslant f_r + K\sigma \qquad (1.5.2)$$

式中 f_{cs}——混凝土合格判定平均弯拉强度（MPa）；

f_r——设计弯拉强度标准值（MPa）；

K——合格判定系数，见表 1.5.2；

σ——强度标准差。

合格判定系数 K 表　　　　　表 1.5.2

试件组数 n	11~14	15~19	$\geqslant 20$
K	0.75	0.70	0.65

2. 当试件组数为 11～19 组时，允许有一组最小弯拉强度小于 0.85f_r，但不得小于 0.80f_r。当试件组数大于 20 组时，其他公路允许有一组最小弯拉强度小于 0.85f_r，但不得小于 0.75f_r；高速公路和一级公路均不得小于 0.85f_r。

3. 试件组数等于或少于 10 组时，试件平均强度不得小于 1.10f_r，任一组强度均不得小于 0.85f_r。

1.5.3 当标准小梁合格判定平均弯拉强度 f_{cs} 和最小弯拉强度 f_{min} 中有一个不符合上述要求时，应在不合格路段每公里每车道钻取 3 个以上 ϕ150mm 的芯样，实测劈裂强度，通过各自工程的经验统计公式换算弯拉强度，其合格判定平均弯拉强度 f_{cs} 和最小值 f_{min} 必须合格，否则，应返工重铺。

1.5.4 实测项目中，水泥混凝土弯拉强度评为不合格时相应分项工程评为不合格。

1.6 水泥混凝土抗压强度评定

1.6.1 评定水泥混凝土的抗压强度，应以标准养生 28d 龄期的试件为准。试件为边长 150mm 的立方体。试件 3 件为 1 组，制取组数应符合下列规定：

1. 不同强度等级及不同配合比的混凝土应在浇筑地点或拌和地点分别随机制取试件。

2. 浇筑一般体积的结构物（如基础、墩台等）时，每一单元结构物应制取 2 组。

3. 连续浇筑大体积结构时，每 80～200m³ 或每一工作班应制取 2 组。

4. 上部结构，主要构件长 16m 以下应制取 1 组，16～30m 制取 2 组，31～50m 制取 3 组，50m 以上者不少于 5 组。小型构件每批或每工作班至少应制取 2 组。

5. 每根钻孔桩至少应制取 2 组；桩长 20m 以上者不少于 3 组；桩径大、浇筑时间很长时，不少于 4 组。如换工作班时，每工作班应制取 2 组。

6. 构筑物（小桥涵、挡土墙）每座、每处或每工作班制取不少于 2 组。当原材料和配合比相同、并由同一拌和站拌制时，可几座或几处合并制取 2 组。

7. 应根据施工需要，另制取几组与结构物同条件养生的试件，作为拆模、吊装、张拉预应力、承受荷载等施工阶段的强度依据。

1.6.2 水泥混凝土抗压强度的合格标准。

1. 试件 ≥10 组时，应以数理统计方法按下述条件评定：

$$R_n - k_1 S_n \geq 0.9R \qquad (1.6.2-1)$$

$$R_{min} \geq k_2 R \qquad (1.6.2-2)$$

$$S_n = \sqrt{\frac{\Sigma R_i^2 - nR_n^2}{n-1}} \qquad (1.6.2-3)$$

式中 n——同批混凝土试件组数；

R_n——同批 n 组试件强度的平均值（MPa）；

S_n——同批 n 组试件强度的标准差（MPa）；

R——混凝土设计强度等级（MPa）；

R_{min}——n 组试件中强度最低一组的值（MPa）；

k_1，k_2——合格判定系数，见表 1.6.2。

2. 试件 <10 组时，可用非统计方法按下述条件进行评定：

$$R_n \geq 1.15R \qquad (1.6.2-4)$$

$$R_{min} \geq 0.95R \qquad (1.6.2-5)$$

k_1，k_2 的值			表 1.6.2
n	10 ~ 14	15 ~ 24	≥25
k_1	1.70	1.65	1.80
k_2	0.9	0.85	

1.6.3 实测项目中，水泥混凝土抗压强度评为不合格时相应分项工程为不合格。

1.7 喷射混凝土抗压强度评定

1.7.1 喷射混凝土抗压强度系指在喷射混凝土板件上，切割制取边长为 100mm 的立方体试件，在标准养护条件下养生 28d，用标准试验方法测得的极限抗压强度，乘以 0.95 的系数。

1.7.2 双车道隧道每 10 延米，至少在拱脚部和边墙各取 1 组（3 个）试件。

其他工程，每喷射 50 ~ 100m³ 混合料或小于 50m³ 混合料的独立工程，不得少于 1 组。

材料或配合比变更时需重新制取试件。

1.7.3 喷射混凝土强度的合格标准。

1. 同批试件组数 $n ≥ 10$ 时：

试件抗压强度平均值不低于设计值；

任一组试件抗压强度不低于 0.85 设计值。

2. 同批试件组数 $n < 10$ 时：

试件抗压强度平均值不低于 1.05 设计值；

任一组试件抗压强度不低于 0.9 设计值。

1.7.4 实测项目中，喷射混凝土抗压强度评为不合格时相应分项工程为不合格。

1.8 水泥砂浆强度评定

1.8.1 评定水泥砂浆的强度，应以标准养生 28d 的试件为准。试件为边长 70.7mm 的立方体。试件 6 个为 1 组，制取组数应符合下列规定：

　　1. 不同强度等级及不同配合比的水泥砂浆应分别制取试件，试件应随机制取，不得挑选。

　　2. 重要及主体砌筑物，每工作班制取 2 组。

　　3. 一般及次要砌筑物，每工作班可制取 1 组。

　　4. 拱圈砂浆应同时制取与砌体同条件养生试件，以检查各施工阶段强度。

1.8.2 水泥砂浆强度的合格标准。

　　1. 同强度等级试件的平均强度不低于设计强度等级。

　　2. 任意一组试件的强度最低值不低于设计强度等级的 75%。

1.8.3 实测项目中，水泥砂浆强度评为不合格时相应分项工程为不合格。

1.9 半刚性基层和底基层材料强度评定

1.9.1 半刚性基层和底基层材料强度，以规定温度下保湿养生 6d、浸水 1d 后的 7d 无侧限抗压强度为准。

1.9.2 在现场按规定频率取样，按工地预定达到的压实度制备试件。每 2000m^2 或每工作班制备 1 组试件：不论稳定细粒土、中粒土或粗粒土，当多次偏差系数 $C_v \leqslant 10\%$ 时，可为 6 个试件；$C_v = 10\% \sim 15\%$ 时，可为 9 个试件；$C_v > 15\%$ 时，可为 13 个试件。

1.9.3　试件的平均强度 R 应满足下式要求：

$$R \geqslant \frac{R_d}{1 - Z_a C_v} \qquad (1.9.3)$$

式中　R_d——设计抗压强度（MPa）；

$\quad C_v$——试验结果的偏差系数（以小数计）；

$\quad Z_a$——标准正态分布表中随保证率而变的系数。高速、一级公路：保证率 95%，$Z_a = 1.645$。其他公路：保证率 90%，$Z_a = 1.282$。

1.9.4　评定路段内半刚性材料强度评为不合格时相应分项工程为不合格。

1.10　路面结构层厚度评定

1.10.1　评定路段内路面结构层厚度按代表值和单个合格值的允许偏差进行评定。

1.10.2　按规定频率，采用挖验或钻取芯样测定厚度。

1.10.3　厚度代表值为厚度的算术平均值的下置信界限值，即：

$$X_l = \overline{X} - \frac{t_a}{\sqrt{n}} S \qquad (1.10.3)$$

式中　X_l——厚度代表值（算术平均值的下置信界限）；

$\quad \overline{X}$——厚度平均值；

$\quad S$——标准差；

n——检查数量；

t_a——见式（1.4.3）。

1.10.4 当厚度代表值大于等于设计厚度减去代表值允许偏差时，则按单个检查值的偏差不超过单点合格值来计算合格率；当厚度代表值小于设计厚度减去代表值允许偏差时，相应分项工程评为不合格。代表值和单点合格值的允许偏差见"路面工程"各节实测项目表。

1.10.5 沥青面层一般按沥青铺筑层总厚度进行评定，高速公路和一级公路分2~3层铺筑时，还应进行上面层厚度检查和评定。

1.11 路基、柔性基层、沥青路面弯沉值评定

1.11.1 弯沉值用贝克曼梁或自动弯沉仪测量。每一双车道评定路段（不超过1km）检查80~100个点，多车道公路必须按车道数与双车道之比，相应增加测点。

1.11.2 弯沉代表值为弯沉测量值的上波动界限，用下式计算：

$$l_r = \bar{l} + Z_a S \qquad (1.11.1)$$

式中 l_r——弯沉代表值（0.01mm）；

$\bar{l}$——实测弯沉的平均值；

S——标准差；

Z_a——与要求保证率有关的系数，见表1.11.2。

1.11.3 当路基和柔性基层、底基层的弯沉代表值不符合要求时，可将超出 $\bar{l} \pm (2~3) S$ 的弯沉特异值舍弃，重新计算平均值和标准差。对舍弃的弯沉值大于 $\bar{l} + (2~3) S$ 的点，应找出其周围界限，进行局部处理。

层　位	Z_a	
	高速公路、一级公路	二、三级公路
沥青面层	1.645	1.5
路　基	2.0	1.645

　　用两台弯沉仪同时进行左右轮弯沉值测定时，应按两个独立测点计，不能采用左右两点的平均值。

1.11.4　弯沉代表值大于设计要求的弯沉值时相应分项工程为不合格。

1.11.5　测定时的路表温度对沥青面层的弯沉值有明显影响，应进行温度修正。当沥青层厚度小于或等于 50mm 时，或路表温度在 20 ±2℃ 范围内，可不进行温度修正。

　　若在非不利季节测定时，应考虑季节影响系数。

1.12　路面横向力系数评定

1.12.1　评定路段内的路面横向力系数按 SFC 的设计或验收标准值进行评定。

1.12.2　SFC 代表值为 SFC 算数平均值的下置信界限值，即：

$$SFC_r = \overline{SFC} - \frac{t_a}{\sqrt{n}} S \qquad (1.12.2)$$

式中　SFC_r——SFC 代表值；

　　　$\overline{SFC}$——SFC 平均值；

　　　S——标准差；

n——采集数据样本数量；

t_a——见式（1.4.3）。

1.12.3　当 SFC 代表值不小于设计或验收标准时，以所有单个 SFC 值统计合格率；当 SFC 代表值小于设计或标准值时，该路段为零分。

2 路基土石方工程

2.1 一般规定

2.1.1 土方路基和石方路基的实测项目技术指标的规定值或允许偏差按高速公路、一级公路和其他公路（指二级及以下公路）两档设定，其中土方路基压实度按高速公路和一级公路、二级公路、三四级公路三档设定。

2.1.2 土方路基和石方路基实测项目的检查频率，如果检查路段以延米计时，则为双车道公路每一检查段内的最低检查频率；多车道公路必须按车道数与双车道之比，相应增加检查数量。

2.1.3 路基压实度须分层检测，并符合相关规定。路基其他检查项目均在路基项目进行检查测定。

2.1.4 路肩工程可作为路面工程的一个分项工程进行检查评定。

2.1.5 服务区停车场、收费广场的土方工程压实标准可按土方路基要求进行监控。

2.2 土方路基

2.2.1 土方路基的基本要求

1. 在路基用地和取土坑范围内，应清除地表植被、杂物、积水、淤泥和表土，处理坑塘，并按规范和设计要求对基底进行压实。

2. 路基填料应符合规范和设计的规定，经认真调查、试验后合理选用。

3. 填方路基须分层填筑压实，每层表面平整，路拱合适，排水良好。

4. 施工临时排水系统应与设计排水系统结合，避免冲刷边坡，勿使路基附近积水。

5. 在设定取土区内合理取土，不得滥开滥挖。完工后应按要求对取土坑和弃土场进行修整，保持合理的几何外形。

2.2.2 土方路基的实测项目，见表2.2.2。

土方路基实测项目 　　　　　　　　　表2.2.2

项次	检查项目		规定值或允许偏差			检查方法和频率	权值
			高速公路、一级公路	其他公路			
				二级公路	三、四级公路		
1△	压实度（%）	零填及挖方（m） 0～0.30	—	—	94	按"1.4"检查。密度法：每200m每压实层测4处	3
		0～0.80	≥96	≥95	—		
		填方（m） 0～0.80	≥96	≥95	≥94		
		0.80～1.50	≥94	≥94	≥93		
		>1.50	≥93	≥92	≥90		
2△	弯沉（0.01mm）		不大于设计要求值			按"1.11"检查	3
3	纵断高程（mm）		+10，-15	+10，-20		水准仪：每200m测4断面	2
4	中线偏位（mm）		50	100		经纬仪：每200m测4点，弯道加HY、YH两点	2
5	宽度（mm）		符合设计要求			米尺：每200m测4处	2

続表

项次	检查项目	规定值或允许偏差			检查方法和频率	权值
		高速公路、一级公路	其他公路			
			二级公路	三、四级公路		
6	平整度(mm)	15	20		3m 直尺：每200m 测 2 处 × 10尺	2
7	横坡(%)	±0.3	±0.5		水准仪：每200m 测4个断面	1
8	边坡	符合设计要求			尺量：每200m 测4处	1

注：1. 表列压实度以重型击实试验法为准，评定路段内的压实度平均值下置信界限不得小于规定标准，单个测定值不得小于极值（表列规定值减5个百分点）。按不小于表列规定值减2个百分点的测点数量占总检查点的百分率计算合格率。

2. 采用核子仪检验压实度时应进行标定试验，确认其可靠性。

3. 特殊干旱、特殊潮湿地区或过湿土路基，可按交通部颁发的路基设计、施工规范所规定的压实度标准进行评定。

4. 三、四级公路修筑沥青混凝土或水泥混凝土路面时，其路基压实度应采用二级公路标准。

2.2.3 土方路基的外观鉴定要求

1. 路基表面平整，边线直顺，曲线圆滑。不符合要求时，单向累计长度每50m 减 1~2 分。

2. 路基边坡坡面平顺，稳定，不得亏坡，曲线圆滑。不符合要求时，单向累计长度每50m 减 1~2 分。

3. 取土坑、弃土堆、护坡道飞碎落台的位置适当，外形整齐、美观，防止水土流失。不符合要求时，每处减 1~2 分。

2.3 石方路基

2.3.1 石方路基的基本要求

1. 石方路堑的开挖宜采用光面爆破法。爆破后应及时清理险石、松石，确保边坡安全、稳定。

2. 修筑填石路堤时应进行地表清理，逐层水平填筑石块，摆放平稳，码砌边部。填筑层厚度及石块尺寸应符合设计和施工规范规定，填石空隙用石碴、石屑嵌压稳定。上、下路床填料和石料最大尺寸应符合规范规定。采用振动压路机分层碾压，压至填筑层顶面石块稳定，18t 以上压路机振压两遍无明显标高差异。

3. 路基表面应整修平整。

2.3.2 石方路基的实测项目，见表 2.3.2。

石方路基实测项目 表 2.3.2

项次	检查项目	规定值或允许偏差		检查方法和频率	权值
		高速公路、一级公路	其他公路		
1	压实	层厚和碾压遍数符合要求		查施工记录	3
2	纵断高程（mm）	+10，-20	+10，-30	水准仪：每200m测4断面	2
3	中线偏位（mm）	50	100	经纬仪：每200m测4点，弯道加 HY、YH 两点	2
4	宽度（mm）	符合设计要求		米尺：每200m测4处	2
5	平整度（mm）	20	30	3m 直尺：每200m测2处×10尺	2
6	横坡（%）	±0.3	±0.5	水准仪：每200m测4断面	1

25

项次	检查项目		规定值或允许偏差		检查方法和频率	权值
			高速公路、一级公路	其他公路		
7	边坡	坡度	符合设计要求		每200m抽查4处	1
		平顺度	符合设计要求			

注：土石混填路基压实度或固体体积率可根据实际可能进行检验，其他检测项目与石方路基相同。

2.3.3 石方路基的外观鉴定

1. 上边坡不得有松石。不符合要求时，每处减 1~2 分。

2. 路基边线直顺，曲线圆滑。不符合要求时，单向累计长度每 50m 减 1~2 分。

2.4 软土地基处治

2.4.1 软土地基处治的基本要求

1. 换填地基的填筑压实度要求同本章第 2 节土方路基。

2. 砂垫层：砂的规格和质量必须符合设计要求和规范规定；适当洒水，分层压实；砂垫层宽度应宽出路基边脚 0.5~1.0m，两侧端以片石护砌；砂垫层厚度及其上铺设的反滤层应符合设计要求。

3. 反压护道：填筑材料、护道高度、宽度应符合设计要求，压实度不低于 90%。

4. 袋装砂井、塑料排水板：砂的规格、质量、砂袋织物质量和塑料排水板质量必须符合设计要求；砂袋和塑料排水板下沉时不得出现扭结、断裂等现象；井（板）底标高必须符合设计要求，其顶端必须按规范要求伸入砂垫层。

26

5. 碎石桩：碎石材料应符合设计要求；应严格按试桩结果控制电流和振冲器的留振时间；分批加入碎石，注意振密挤实效果，防止发生"断桩"或"颈缩桩"。

6. 砂桩：砂料应符合规定要求；砂的含水量应根据成桩方法合理确定；应确保桩体连续、密实。

7. 粉喷桩：水泥应符合设计要求；根据成桩试验确定的技术参数进行施工；严格控制喷粉时间、停粉时间和水泥喷入量，不得中断喷粉，确保粉喷桩长度；桩身上部范围内必须进行二次搅拌，确保桩身质量；发现喷粉量不足时，应整桩复打；喷粉中断时，复打重叠孔段应大于1m。

8. 软土地基上的路堤，应在施工过程中进行沉降观测和稳定性观测，并根据观测结果对路堤填筑速率和预压期等做出必要调整。

2.4.2　软土地基处治的实测项目，见表2.4.2-1至表2.4.2-4。

砂垫层实测项目　　　　　　表2.4.2-1

项次	检查项目	规定值或允许偏差	检查方法和频率	权值
1	砂垫层厚度	不小于设计	每200m检查4处	3
2	砂垫层宽度	不小于设计	每200m检查4处	1
3	反滤层设置	符合设计要求	每200m检查4处	1
4	压实度（%）	90	每200m检查4处	2

袋装砂井、塑料排水板实测项目　　　　表2.4.2-2

项次	检查项目	规定值或允许偏差	检查方法和频率	权值
1	井(板)间距(mm)	±150	抽查2%	2
2△	井(板)长度	不小于设计	查施工记录	3

27

项次	检查项目	规定值或允许偏差	检查方法和频率	权值
3	竖直度(%)	1.5	查施工记录	2
4	砂井直径(mm)	+10,0	挖验2%	1
5	灌砂量(%)	−5	查施工记录	2

碎石桩(砂桩)实测项目　　　　表2.4.2-3

项次	检查项目	规定值或允许偏差	检查方法和频率	权值
1	桩距(mm)	±150	抽查2%	1
2	桩径(mm)	不小于设计	抽查2%	2
3△	桩长(m)	不小于设计	查施工记录	3
4	竖直度(%)	1.5	查施工记录	2
5	灌石(砂)量	不小于设计	查施工记录	2

粉喷桩实测项目　　　　表2.4.2-4

项次	检查项目	规定值或允许偏差	检查方法和频率	权值
1	桩距(mm)	±100	抽查2%	1
2	桩径(mm)	不小于设计	抽查2%	2
3△	桩长(m)	不小于设计	查施工记录	3
4	竖直度(%)	1.5	查施工记录	1
5	单桩喷粉量	符合设计要求	查施工记录	3
6	强度(kPa)	不小于设计	抽查5%	3

2.4.3　软土地基处治外观鉴定

砂垫层表面坑洼不平时，每处减1～2分。

28

2.5 土工合成材料处治层

2.5.1 土工合成材料处治层的基本要求

1. 土工合成材料质量应符合设计要求，无老化，外观无破损，无污染。

2. 土工合成材料应紧贴下承层，按设计和施工要求铺设、张拉、固定。

3. 土工合成材料的接缝搭接、粘结强度和长度应符合设计要求，上、下层土工合成材料搭接缝应交替错开。

2.5.2 土工合成材料处治层实测项目见表 2.5.2-1 至表 2.5.2-4。

加筋工程土工合成材料实测项目　　表 2.5.2-1

项次	检查项目	规定值或允许偏差	检查方法和频率	权值
1	下承层平整度、拱度	符合设计施工要求	每200m检查4处	1
2	搭接宽度(mm)	+50，-0	抽查2%	2
3	搭接缝错开距离(mm)	符合设计施工要求	抽查2%	2
4	锚固长度(mm)	符合设计、施工要求	抽查2%	3

隔离工程土工合成材料实测项目　　表 2.5.2-2

项次	检查项目	规定值或允许偏差	检查方法和频率	权值
1	下承层平整度、拱度	符合设计、施工要求	每200m检查4处	1
2	搭接宽度（mm）	+50，-0	抽查2%	2
3	搭接缝错开距离（mm）	符合设计、施工要求	抽查2%	2
4	搭接处透水点	不多于1个点	每缝	3

项次	检查项目	规定值或允许偏差	检查方法和频率	权值
1	下承层平整度、拱度	符合设计、施工要求	每200m检查4处	1
2	搭接宽度（mm）	+50，－0	抽查2%	3
3	搭接缝错开距离（mm）	符合设计施工要求	抽查2%	3

防裂工程土工合成材料实测项目　表2.5.2-4

项次	检查项目	规定值或允许偏差	检查方法和频率	权值
1	下承层平整度、拱度	符合设计施工要求	每200m检查4处	1
2	搭接宽度（mm）	≥50（横向） ≥150（纵向）	抽查2%	3
3	粘结力（N）	≥20	抽查2%	3

2.5.3　土工合成材料处治层外观鉴定

　1. 土工合成材料重叠、皱折不平顺，每处减1～2分。

　2. 土工合成材料固定处松动，每处减1～2分。

3 排 水 工 程

3.1 一 般 规 定

3.1.1 排水工程应按设计要求及施工规范的要求施工，依照实际地形，选择合适的位置，将地面水和地下水排出路基以外。

3.1.2 本章第五节和第六节包括边沟、截水沟、排水沟等。

3.1.3 跌水、急流槽、水簸箕等其他排水工程可按照本章6节的标准进行评定。

3.1.4 路面拦水带纳入路缘石分项工程，排水基层可按照第5章的标准进行评定。

3.1.5 沟槽回填土应符合设计要求及施工规范的规定。

3.1.6 排水泵站明开挖基础可按照第6章的标准进行评定。

3.1.7 钢筋混凝土构件包含钢筋加工及安装分项工程，预应力混凝土构件包括预应力钢筋的加工和张拉分项工程。

3.2 管 节 预 制

3.2.1 管节预制的基本要求

1. 所用的水泥、砂石、水、外加剂和掺合料的质量规格应符合有关规范的要求，按规定的配合比施工。

2. 混凝土应符合耐久性（抗冻、抗渗、抗侵蚀）等设计要求。

   3. 不得出现露筋和空洞现象。

3.2.2　管节预制的实测项目，见表3.2.2。

管节预制实测项目　　　　表 3.2.2

项次	检查项目	规定值或允许偏差	检查方法和频率	权值
1△	混凝土强度（MPa）	在合格标准内	按"1.6"检查	3
2	内径（mm）	不小于设计	尺量：2个断面	2
3	壁厚（mm）	不小于设计壁厚－3	尺量：2个断面	2
4	顺直度	矢度不大于0.2%管节长	沿管节拉线量，取最大矢高	1
5	长度（mm）	+5，－0	尺量	1

3.2.3　管节预制的外观鉴定

   1. 蜂窝麻面面积不得超过该面面积的1%。不符合要求时，每超过1%减3分；深度超过10mm的必须处理。

   2. 混凝土表面平整。不符合要求时减1～2分。

3.3　管道基础及管节安装

3.3.1　管道基础及管节安装的基本要求

   1. 管材必须逐节检查，不得有裂缝、破损。

   2. 基础混凝土强度达到5MPa以上时，方可进行管节铺设。

   3. 管节铺设应平顺、稳固，管底坡度不得出现反坡，管节接头处流水面高差不得大于5mm。管内不得有泥土、砖石、砂浆等杂物。

4. 管道内的管口缝，当管径大于 750mm 时，应在管内作整圈勾缝。

5. 管口内缝砂浆平整密实，不得有裂缝、空鼓现象。

6. 抹带前，管口必须洗刷干净，管口表面应平整密实，无裂缝现象。抹带后应及时覆盖养生。

7. 设计中要求防渗漏的排水管须作渗漏试验，渗漏量应符合要求。

3.3.2 管道基础及管节安装的实测项目，见表 3.3.2。

管道基础及管节安装实测项目 表 3.3.2

项次	检查项目		规定值或允许偏差	检查方法和频率	权值
1△	混凝土抗压强度或砂浆强度（MPa）		在合格标准内	按"1.6、1.8"检查	3
2	管轴线偏位（mm）		15	经纬仪或拉线：每两井间测 3 处	2
3	管内底高程（mm）		±10	水准仪：每两井间测 2 处	2
4	基础厚度（mm）		不小于设计	尺量：每两井间测 3 处	1
5	管座	肩宽（mm）	+10，-5	尺量、挂边线：每两井间测 2 处	1
		肩高（mm）	±10		
6	抹带	宽度	不小于设计	尺量：按 10%抽查	2
		厚度	不小于设计		

3.3.3 管道基础及管节安装的外观鉴定

1. 管道基础混凝土表面平整密实，侧面蜂窝不得超过该表面积的 1%，深度不超过 10mm。不符合要求时，减 1～3 分。

2. 管节铺设直顺，管口缝带圈平整密实，无开裂脱皮现象。不符合要求时，每处减 1～2 分。

3. 抹带接口表面应密实光洁，不得有间断和裂缝、空鼓。不符合要求时，每处减 1～2 分。

3.4 检查（雨水）井砌筑

3.4.1 检查（雨水）井砌筑的基本要求

1. 井基混凝土强度达到 5MPa 时，方可砌筑井体。

2. 砌筑砂浆配合比准确，井壁砂浆饱满，灰缝平整。圆形检查井内壁应圆顺，抹面密实光洁，踏步安装牢固。

3. 井框、井盖安装必须平稳，井口周围不得有积水。

3.4.2 检查（雨水）井砌筑的实测项目，见表 3.4.2。

检查（雨水）井砌筑实测项目 表 3.4.2

项次	检查项目	规定值或允许偏差		检查方法和频率	权值
1△	砂浆强度（MPa）	在合格标准内		按"1.8"检查	3
2	轴线偏位（mm）	50		经纬仪：每个检查井检查	1
3	圆井直径或方井长、宽（mm）	±20		尺量：每个检查井检查	1
4	井底高程（mm）	±15		水准仪：每个检查井检查	1
5	井盖与相邻路面高差（mm）	雨水井	+0，-4	水准仪、水平尺：每个检查井检查	2
		检查井	+4，-0		

3.4.3 检查（雨水）井砌筑的外观鉴定

1. 井内砂浆抹面无裂缝。不符合要求时，减 1～2 分。

2. 井内平整圆滑，收分均匀。不符合要求时，减 1～

34

2分。

3. 抹带接口表面应密实光洁，不得有间断和裂缝、空鼓。不符合要求时，每处减 1~2 分。

3.5 土 沟

3.5.1 土沟的基本要求

1. 土沟边坡必须平整、坚实、稳定，严禁贴坡。

2. 沟底应平顺整齐，不得有松散土和其他杂物，排水畅通。

3.5.2 土沟的实测项目见表 3.5.2。

<table>
<tr><td colspan="5">土沟实测项目　　　　　　　　　　　表 3.5.2</td></tr>
<tr><td>项 次</td><td>检 查 项 目</td><td>规定值或
允许偏差</td><td>检查方法和频率</td><td>权 值</td></tr>
<tr><td>1</td><td>沟底高程(mm)</td><td>0，－30</td><td>水准仪：每 200m 测 4 处</td><td>2</td></tr>
<tr><td>2</td><td>断面尺寸(mm)</td><td>不小于设计</td><td>尺量：每 200m 测 2 处</td><td>2</td></tr>
<tr><td>3</td><td>边坡坡度</td><td>不陡于设计</td><td>尺量：每 200m 测 2 处</td><td>1</td></tr>
<tr><td>4</td><td>边棱直顺度(mm)</td><td>50</td><td>尺量：20m 拉线，每 200m
测 2 处</td><td>1</td></tr>
</table>

注：沟底无明显凹凸不平和阻水现象。不符合要求时，每处减 1~2 分。

3.6 浆砌排水沟

3.6.1 浆砌排水沟的基本要求

1. 砌体砂浆配合比准确，砌缝内砂浆均匀饱满，勾缝密实。

2. 浆砌片（块）石、混凝土预制块的质量和规格应符合设计要求。

3. 基础中缩缝应与墙身缩缝对齐。

4. 砌休抹面应平整、压光、直顺，不得有裂缝、空鼓现象。

3.6.2 浆砌排水沟的实测项目，见表3.6.2。

浆砌排水沟实测项目 表3.6.2

项次	检查项目	规定值或允许偏差	检查方法和频率	权值
1△	砂浆强度(MPa)	在合格标准内	按"1.8"检查	3
2	轴线偏位(mm)	50	经纬仪或尺量：每200m测5处	1
3	沟底高程(mm)	+15	水准仪：每200m测5点	2
4	墙面直顺度(mm)或坡度	30或符合设计要求	20m拉线、坡度尺：每200m测2处	1
5	断面尺寸(mm)	±30	尺量：每200m测2处	2
6	铺砌厚度(mm)	不小于设计	尺量：每200m测2处	1
7	基础垫层宽、厚(mm)	不小于设计	尺量：每200m测2处	1

3.6.3 浆砌排水沟的外观鉴定

1. 砌体内侧及沟底应平顺。不符合要求时，减1~2分。

2. 沟底不得有杂物。不符合要求时，减1~2分。

3.7 盲 沟

3.7.1 盲沟的基本要求

1. 盲沟的设置及材料规格、质量等应符合设计要求和施工规范规定。

2. 反滤层应用筛选过的中砂、粗砂、砾石等渗水性材料分层填筑。

3. 排水层应采用石质坚硬的较大粒料填筑，以保证排水孔隙度。

3.7.2 盲沟的实测项目，见表3.7.2。

盲沟实测项目　　　　　　　　表3.7.2

项次	检查项目	规定值或允许偏差	检查方法和频率	权值
1	沟底高程（mm）	±15	水准仪：每 10～20m 测1处	1
2	断面尺寸（mm）	不小于设计	尺量：每 20m 测1处	1

3.7.3 盲沟的外观鉴定

1. 反滤层应层次分明。不符合要求时，减 1～2 分。

2. 进出水口应排水通畅。不符合要求时，减 1～2 分。

3.8　排水泵站

3.8.1　排水泵站的基本要求

1. 地基应具有足够的承载能力，不应扰动基底土壤。

2. 井壁混凝土应密实，混凝土强度达到合格标准后方可进行下沉。

3. 沉井下沉过程中，应随时注意正位，发现偏位及倾斜时须及时纠正。

4. 沉井封底应密实不漏水。

5. 水泵、管及管件应安装牢固，位置正确。

3.8.2 排水泵站的实测项目，见表3.8.2。

排水泵站（沉井）实测项目　　　表3.8.2

项 次	检 查 项 目	规定值或允许偏差	检查方法和频率	权 值
1△	混凝土强度(MPa)	在合格标准内	按"1.6"检查	3
2	轴线平面偏位(mm)	1%井深	经纬仪、纵、横向各2处	1
3	垂直度(mm)	1%井深	用垂线检查：纵、横向各1处	2
4	底板高程(mm)	±50	水准仪测4处	1

3.8.3 排水泵站的外观鉴定

泵站轮廓线条清晰，表面平整。不符合要求时，减1～2分。

4 挡土墙、防护及其他筑造工程

4.1 一 般 规 定

4.1.1 对砌体挡土墙,当平均墙高小于6m或墙身面积小于1200m^{2}时,每处可作为分项工程进行评定;当平均墙高达到或超过6m且墙身面积不小于1200m^{2}时,为大型挡土墙,每处应作为分部工程进行评定。

4.1.2 悬臂式和扶臂式挡土墙,桩板式、锚杆、锚碇板和加筋土挡土墙应作为分部工程进行评定。

4.1.3 丁坝、护岸可参照挡土墙的标准进行评定。

4.1.4 本章第8节可用于第6章及本章未列出名称的其他砌石构造物的评定。

4.1.5 钢筋混凝土结构或构件,均应包含钢筋加工及安装分项工程,其评定见第6章第3节。

4.2 砌体挡土墙

4.2.1 砌体挡土墙的基本要求

1. 石料或混凝土预制块的强度、规格和质量应符合有关规范和设计要求。

2. 砂浆所用的水泥、砂、水的质量应符合有关规范的要求,按规定的配合比施工。

3. 地基承载力必须满足设计要求，基础埋置深度应满足施工规范要求。

4. 砌筑应分层错缝。浆砌时坐浆挤紧，嵌填饱满密实，不得有空洞；干砌时不得松动、叠砌和浮塞。

5. 沉降缝、泄水孔、反滤层的设置位置、质量和数量应符合设计要求。

4.2.2 砌体挡土墙的实测项目见表 4.2.2-1 及表 4.2.2-2。

砌体挡土墙实测项目

表 4.2.2-1

项次	检查项目	规定值或允许偏差		检查方法和频率	权值
1△	砂浆强度（MPa）	在合格标准内		按"1.8"检查	3
2	平面位置（mm）	50		经纬仪：每 20m 检查墙顶外边线 3 点	1
3	顶面高程（mm）	±20		水准仪：每 20m 检查 1 点	1
4	竖直度或坡度（%）	0.5		吊垂线：每 20m 检查 2 点	1
5△	断面尺寸（mm）	不小于设计		尺量：每 20m 量 2 个断面	3
6	底面高程（mm）	±50		水准仪：每 20m 检查 1 点	1
7	表面平整度（mm）	块 石	20	2m 直尺：每 20m 检查 3 处，每处检查竖直和墙长两个方向	1
		片 石	30		
		混凝土块、料石	10		

4.2.3 砌体挡土墙的外观鉴定

1. 砌体表面平整，砌缝完好、无开裂现象，勾缝平顺，无脱落现象。不符合要求时减 1~3 分。

2. 泄水孔坡度向外，无堵塞现象。不符合要求时必须进行处理，并减 1~3 分。

3. 沉降缝整齐垂直，上下贯通。不符合要求时必须进行处理，并减 1~3 分。

干砌挡土墙实测项目   表 4.2.2-2

项次	检查项目	规定值或允许偏差	检查方法和频率	权值
1	平面位置(mm)	50	经纬仪：每 20m 检查 3 点	2
2	顶面高程(mm)	±30	水准仪：每 20m 测 3 点	2
3	竖直度或坡度 (%)	0.5	尺量：每 20m 吊垂线检查 3 点	1
4△	断面尺寸(mm)	不小于设计	尺量：每 20m 检查 2 处	2
5	底面高程(mm)	±50	水准仪：每 20m 测 1 点	2
6	表面平整度 (mm)	50	2m 直尺：每 20m 检查 3 处，每处检查竖直和墙长两个方向	1

4.3 锚杆、锚碇板和加筋土挡土墙

4.3.1 锚杆、锚碇板和加筋土挡土墙的基本要求

1. 混凝土所用的水泥、砂、石、水和外掺剂的规格和质量必须符合有关规范的要求，按规定的配合比施工。

2. 地基强度应符合设计要求。

3. 锚杆、拉杆或筋带的强度、质量和规格，必须满足设计和有关规范的要求，根数不得少于设计数量。

4. 筋带须理顺，放平拉直，筋带与面板、筋带与筋带连

接牢固。

　　5. 混凝土不得出现露筋和空洞现象。

4.3.2　锚杆、锚碇板和加筋土挡土墙的实测项目

　　基础和肋柱预制分别按第 6 章第 5、12 节有关规定检查。其他实测项目见表 4.3.2-1 至表 4.3.2-5。

筋带实测项目　　　　　　　　　　表 4.3.2-1

项 次	检查项目	规定值或允许偏差	检查方法和频率	权值
1	筋带长度或直径	不小于设计	尺量：每20m检查5根（束）	2
2	筋带与面板连接	符合设计	目测：每20m检查5处	2
3	筋带与筋带连接	符合设计	目测：每20m检查5处	2
4	筋带铺设	符合设计	目测：每20m检查5处	1

锚杆、拉杆实测项目　　　　　　　表 4.3.2-2

项 次	检查项目	规定值或允许偏差	检查方法和频率	权 值
1	锚杆、拉杆长度	符合设计要求	尺量：每20m检查5根	2
2	锚杆、拉杆间距（mm）	±20	尺量：每20m检查5根	1
3	锚杆、拉杆与面板连接	符合设计要求	目测：每20m检查5处	2
4	锚杆，拉杆防护	符合设计要求	目测：每20m检查10处	2
5△	锚杆抗拔力	抗拔力平均值≥设计值，最小抗拔力≥0.9设计值	拔力试验：锚杆数1%，且不少于3根	3

42

面板预制实测项目　　　　　表 4.3.2-3

项次	检查项目	规定值或允许偏差	检查方法和频率	权值
1△	混凝土强度 （MPa）	在合格标准内	按"1.6"检查	3
2	边长（mm）	±5 或 0.5%边长	尺量：长宽各量 1 次，每批抽查 10%	2
3	两对角线差 （mm）	10 或 0.7%最 大对角线长	尺量：每批抽 查 10%	1
4△	厚度（mm）	+5，-3	尺量：检查 2 处， 每批抽查 10%	2
5	表面平整度 （mm）	4 或 0.3%边长	2m 直尺：长、宽方 向各测 1 次，每批抽 查 10%	1
6	预埋件位置 （mm）	5	尺量：检查每件， 每批抽查 10%	1

面板安装实测项目　　　　　表 4.3.2-4

项次	检查项目	规定值或允许偏差	检查方法和频率	权值
1	每层面板顶高程 （mm）	±10	水准仪：每20m抽查 3 组板	1
2	轴线偏位（mm）	10	挂线、尺量：每 20m 量 3 处	2
3	面板竖直 度或坡度	+0，-0.5%	吊垂线或坡度板：每 20m 量 3 点	1
4	相邻面板错台 （mm）	5	尺量：每 20m 面板交 界处检查 3 处	1

注：面板安装以同层相邻两板为一组。

4.3.3　锚杆、锚碇板和加筋土挡土墙的外观鉴定

1. 预制面板表面平整光洁，线条顺直美观，不得有破损、翘曲、掉角啃边等现象。不符合要求时减 1～2 分。

锚杆、锚碇板和加筋土挡土墙总体实测项目　　表 4.3.2-5

项次	检查项目		规定值或允许偏差	检查方法和频率	权值
1	墙顶和肋柱平面位置(mm)	路堤式	+50, -100	经纬仪：每 20m 检查 3 处	2
		路肩式	±50		
2	墙顶和柱顶高程(mm)	路堤式	±50	水准仪：每 20m 测 3 点	2
		路肩式	±30		
3	肋柱间距		±15	尺量：每柱间	1
4	墙面倾斜度(mm)		+0.5%H 且不大于 +50, -1%H 且不小于 -100	吊垂线或坡度板：每 20m 测 2 处	2
5	面板缝宽(mm)		10	尺量：每 20m 至少检查 5 条	1
6	墙面平整度(mm)		15	2m 直尺：每 20m 测 3 处，每处检查竖直和墙长两个方向	1

注：1. 平面位置和倾斜度"+"指向外，"-"指向内。
　　2. H 为墙高。

2. 蜂窝、麻面面积不得超过该面面积的 0.5%；不符合要求时，每超过 0.5% 减 2 分；深度超过 10mm 的必须处理。

3. 混凝土表面出现非受力裂缝减 1~3 分。裂缝宽度超过设计规定或设计未规定时超过 0.15mm 必须进行处理。

4. 墙面直顺，线形顺适，板缝均匀，伸缩缝贯通垂直，不符合要求时减 1~3 分。

5. 露在面板外的锚头应封闭密实、牢固，整齐美观。不符合要求时减 1~5 分。

4.4 墙背填土

4.4.1 墙背填土的基本要求

1. 墙背填土应采用透水性材料或设计规定的填料，严禁采用膨胀土、高液限黏土、腐殖土、盐渍土、淤泥、白垩土、硅藻土和冻土块。填料中不应含有机物、冰块、草皮、树根等杂物或生活垃圾。

2. 墙背填土必须和挖方路基、填方路基有效搭接，纵向接缝必须设台阶。

3. 必须分层填筑压实，每层表面平整，路拱合适。

4. 墙身强度达到设计强度75%以上时方可开始填土。

4.4.2 墙背填土的实测项目

除距面板1m范围以内压实度实测项目见表4.4.2外，其他部分填土和其他类型挡土墙填土的压实度要求均与路基相同。

锚杆、锚碇板和加筋土挡土墙墙背填土实测项目 表4.4.2

项次	检查项目	规定值或允许偏差	检查方法和频率	权值
1△	距面板1m范围以内压实度(%)	90	按"1.4"检查，每100m每压实层测1处，并不得少于1处	1

4.4.3 墙背填土的外观鉴定

1. 填土表面应平整，边线直顺。不符合要求时减1~3分。

2. 边坡坡面平顺稳定，不得亏坡，曲线圆滑。不符合要求时减1~3分。

45

4.5 抗 滑 桩

4.5.1 抗滑桩的基本要求

1. 混凝土所用的水泥、砂石、水和外掺剂的质量和规格必须符合设计和有关规范的要求，按规定的配合比施工。

2. 施工中应核对滑动面位置，如图纸与实际位置有出入，应变更抗滑桩的深度。

3. 做好桩区地面截、排水及防渗，孔口地面上应加筑适当高度的围埝。

4.5.2 抗滑桩的实测项目，见表4.5.2。

抗滑桩实测项目　　　　　　表4.5.2

项次	检查项目		规定值或允许偏差	检查方法和频率	权值
1△	混凝土强度（MPa）		在合格标准内	按"1.6"检查	3
2△	桩长（m）		不小于设计	测绳量：每桩测量	2
3△	孔径或断面尺寸（mm）		不小于设计	探孔器：每桩测量	2
4	桩位（mm）		100	经纬仪：每桩测量桩检查	1
5	竖直度（mm）	钻孔桩	1%桩长，且不大于500	测壁仪或吊垂线：每桩检查	1
		挖孔桩	0.5%桩长，且不大于200	吊垂线：每桩检查	
6	钢筋骨架底面高程（mm）		±50	水准仪：测每桩骨架顶面高程后反算	1

4.5.3 抗滑桩的外观鉴定

无破损检测桩的质量有缺陷，但经设计单位确认仍可用

46

时，应减 3 分。

4.6 挖方边坡锚喷防护

4.6.1 挖方边坡锚喷防护的基本要求

1. 锚杆、钢筋和土工格栅的强度、数量、质量和规格必须符合设计和有关规范的要求。

2. 混凝土及砂浆所用的水泥、砂、石、水和外掺剂必须符合有关规范的要求，按规定的配合比施工。

3. 边坡坡度、坡面应符合设计要求。岩面应无风化、无浮石，喷射前必须用水冲洗。

4. 钢筋应清除污锈，钢筋网与锚杆或其他锚固装置连接牢固，喷射时钢筋不得晃动。

5. 锚杆插入锚孔深度不得小于设计长度的 95%，孔内砂浆应密实、饱满。

6. 喷射前应做好排水设施，对个别漏水空洞的缝隙应采用堵水措施，确保支护质量。

7. 钢筋、土工格栅或锚杆不得外露，混凝土不得开裂脱落。

8. 有关预应力锚索的基本要求见第 6 章第 3 节，锚索非锚固段套管安装位置必须符合设计要求。

4.6.2 挖方边坡锚喷防护的实测项目，见表 4.6.2。

锚喷防护实测项目　　　　　　表 4.6.2

项次	检查项目	规定值或允许偏差	检查方法和频率	权值
1△	混凝土强度（MPa）	在合格标准内	按"1.7"检查	3
2△	砂浆强度（MPa）	在合格标准内	按"1.8"检查	3

项次	检查项目	规定值或允许偏差	检查方法和频率	权值
3	锚孔深度(mm)	不小于设计	尺量;抽查10%	1
4	锚杆(索)间距(mm)	±100	尺量;抽查10%	1
5△	锚杆拔力(kN)	拔力平均值≥设计值,最小拔力≥0.9设计值	拔力试验;锚杆数1%,且不少于3根	3
6	喷层厚度(mm)	平均厚≥设计厚,60%检查点的厚度≥设计厚,最小厚度≥0.5设计厚,且不小于设计规定	尺量(凿孔)或雷达断面仪;每10m检查1个断面每3m检查1点	2
7△	锚索张拉应力(MPa)	符合设计要求	油压表;每索由读数反算	3
8	张拉伸长率(%)	±6或设计要求	尺量;每索	2
9	断丝、滑丝数	每束1根,且每断面不超过钢线总数的1%	目测:逐根(束)检查	2

注:实际工程中未涉及的项目不参与评定。

4.6.3 挖方边坡锚喷防护的外观鉴定

混凝土表面密实,不得有突变;与原表面结合紧密,不应起鼓。不符合要求时减1~3分。

4.7 锥、护坡

4.7.1 锥、护坡的基本要求

1. 石料质量、规格应符合有关规定。砂浆所用的水泥、砂、水的质量应符合有关规范的要求,按规定的配合比施工。

2. 锥、护坡基础埋置深度及地基承载力应符合设计要求。

3. 砌体应咬扣紧密，嵌缝饱满密实。

4. 锥、护坡填土密实度应达到设计要求，对坡面刷坡整平后方可铺砌。

4.7.2 锥、护坡的实测项目，见表4.7.2。

锥、护坡实测项目 表4.7.2

项次	检查项目	规定值或允许偏差	检查方法和频率	权值
1△	砂浆强度（MPa）	在合格标准内	按"1.8"检查	3
2	顶面高程（mm）	±50	水准仪：每50m检查3点，不足50m时至少2点	1
3	表面平整度（mm）	30	2m直尺：锥坡检查3处，护坡每50m检查3处	1
4	坡度	不陡于设计	坡度尺量：每50m量3处	1
5△	厚度（mm）	不小于设计	尺量：每100m检查3处	2
6	底面高程（mm）	±50	水准仪：每50m检查3点	1

4.7.3 锥、护坡的外观鉴定

1. 表面平整，无垂直通缝。不符合要求时减1~3分。

2. 勾缝平顺，无脱落现象。不符合要求时减1~3分。

4.8 砌石工程

4.8.1 砌石工程的基本要求

1. 石料质量、规格及砂浆所用材料的质量应符合设计要求。

2. 砌块应错缝砌筑、相互咬紧；浆砌时砌块应坐浆挤紧，嵌缝后砂浆饱满，无空洞现象；干砌时不松动、无叠砌和浮塞。

4.8.2 砌石工程的实测项目，见表4.8.2-1及表4.8.2-2。

浆砌砌体实测项目　　　表4.8.2-1

项次	检查项目		规定值或允许偏差	检查方法和频率	权值
1△	砂浆强度(MPa)		在合格标准内	按"1.8"检查	3
2	顶面高程(mm)	料、块石	±15	水准仪:每20m检查3点	1
		片石	±20		
3	竖直度或坡度	料、块石	0.3%	吊垂线:每20m检查3点	2
		片石	0.5%		
4△	断面尺寸(mm)	料石	±20	尺量:每20m检查2处	2
		块石	±30		
		片石	±50		
5	表面平	料石	10	2m直尺:每20m检查5处×3尺	2
		块石	20		
		片石	30		

干砌片石实测项目　　　表4.8.2-2

项次	检查项目	规定值或允许偏差	检查方法和频率	权值
1	顶面高程(mm)	±30	水准仪:每20m测3点	1
2	外形尺寸(mm)	±100	尺量:每20m或自然段,长宽各3处	3
3△	厚度(mm)	±50	尺量:每20m检查3处	3
4	表面平整度(mm)	50	2m直尺:每20m检查5处×3尺	2

4.8.3 砌石工程的外观鉴定

1. 砌体边缘直顺,外露表面平整。不符合要求时减1~3分。

2. 勾缝平顺,缝宽均匀,无脱落现象。不符合要求时减1~3分。

5 路面工程

5.1 一般规定

5.1.1 路面工程的实测项目规定值或允许偏差按高速公路、一级公路和其他公路（指二级及以下公路）两档设定。对于在设计和合同文件中提高了技术要求的二级公路，其工程质量检验评定按设计和合同文件的要求进行，但不应高于高速公路、一级公路的检验评定标准。

5.1.2 路面工程实测项目规定的检查频率为双车道公路每一检查段内的检查频率（按 m^2 或 m^3 或工作班设定的检查频率除外），多车道公路的路面各结构层均须按其车道数与双车道之比，相应增加检查数量。

5.1.3 各类基层和底基层压实度代表值（平均值的下置信界限）不得小于规定代表值，单点不得小于规定极值。小于规定代表值2个百分点的测点，应按其占总检查点数的百分率计算合格率。

5.1.4 垫层的质量要求同相同材料的其他公路的底基层；粘结层的质量要求同相应的基层或面层；中级路面的质量要求同相同材料的其他公路的基层。

5.1.5 路面表层平整度规定值是指交工验收时应达到的平整度要求，其检查测定以自动或半自动的平整度仪为主，全线每车道连续测定按每100m输出结果计算合格率。采用3m

直尺测定路面各结构层平整度时，以最大间隙作为指标，按尺数计算合格率。

5.1.6 路面表层渗水系数宜在路面成型后立即测定。

5.1.7 路面各结构层厚度按代表值和单点合格值设定允许偏差。当代表值偏差超过规定值时，该分项工程评为不合格；当代表值偏差满足要求时，按单个检查值的偏差不超过单点合格值的测点数计算合格率。

5.1.8 材料要求和配比控制列入各节基本要求，可通过检查施工单位、工程监理单位的资料进行评定。

5.1.9 水泥混凝土上加铺沥青面层的复合式路面，两种结构均需进行检查评定。其中，水泥混凝土路面结构不检查抗滑构造，平整度可按相应等级公路的标准；沥青面层不检查弯沉。

5.1.10 路面基层完工后应及时浇洒透层油或铺筑下封层，透层油透入深度不小于5mm，不得使用透入能力差的材料作透层油。对封层、透层、粘层油的浇洒要求同5.4.1沥青表面处治层中基本规定。

5.2 水泥混凝土面层

5.2.1 水泥混凝土面层的基本要求

1. 基层质量必须符合规定要求，并应进行弯沉测定，验算的基层整体模量应满足设计要求。

2. 水泥强度、物理性能和化学成分应符合国家标准及有关规范的规定。

3. 粗细集料、水、外掺剂及接缝填缝料应符合设计和施工规范要求。

4. 施工配合比应根据现场测定水泥的实际强度进行计算，并经试验，选择采用最佳配合比。

5. 接缝的位置、规格、尺寸及传力杆、拉力杆的设置应符合设计要求。

6. 路面拉毛或机具压槽等抗滑措施，其构造深度应符合施工规范要求。

7. 面层与其他构造物相接应平顺，检查井井盖顶面高程应高于周边路面 1~3mm。雨水口标高按设计比路面低 5~8mm，路面边缘无积水现象。

8. 混凝土路面铺筑后按施工规范要求养生。

5.2.2 水泥混凝土面层的实测项目见表 5.2.2。

水泥混凝土面层实测项目　　　　表 5.2.2

项次	检查项目		规定值或允许偏差		检查方法和频率	权值
			高速公路、一级公路	其他公路		
1△	弯拉强度（MPa）		在合格标准之内		按"1.5"检查	3
2△	板厚度（mm）	代表值	−5		按"1.10"检查 每 200m 每车道 2 处	3
		合格值	−10			
3	平整度	σ（mm）	1.2	2.0	平整度仪；全线每车道连续检测，每 100m 计算 σ、IRI	2
		IRI（m/km）	2.0	3.2		
		最大间隙 h（mm）	—	5	3m 直尺：半幅车道板带每 200m 测 2 处×10 尺	
4	抗滑构造深度（mm）		一般路段不小于 0.7 且不大于 1.1；特殊路段不小于 0.8 且不大于 1.2	一般路段不小于 0.5 且不大于 1.0；特殊路段不小于 0.6 且不大于 1.1	铺砂法；每 200m 测 1 处	2

项次	检查项目	规定值或允许偏差		检查方法和频率	权值
		高速公路、一级公路	其他公路		
5	相邻板高差（mm）	2	3	抽量：每条胀缝2点；每200m抽纵、横缝各2条，每条2点	2
6	纵、横缝顺直度（mm）	10		纵缝20m拉线，每200m测4处；横缝沿板宽拉线，每200m测4条	1
7	中线平面偏位（mm）	20		经纬仪：每200m测4点	1
8	路面宽度（mm）	±20		抽量：每200m测4处	1
9	纵断高程（mm）	±10	±15	水准仪：每200m测4断面	1
10	横坡（%）	±0.15	±0.25	水准仪：每200m测4断面	1

注：表中 σ 为平整度仪测定的标准差；IRI 为国际平整度指数；h 为3m 直尺与面层的最大间隙。

5.2.3 水泥混凝土面层的外观鉴定

1. 混凝土板的断裂块数，高速公路和一级公路不得超过评定路段混凝土板总块数的 0.2%，其他公路不得超过 0.4%。不符合要求时每超过 0.1% 减 2 分。对于断裂板应采取适当措施予以处理。

2. 混凝土板表面的脱皮、印痕、裂纹和缺边掉角等病害现象，对于高速公路和一级公路，有上述缺陷的面积不得超过受检面积的 0.2%，其他公路不得超过 0.3%。不符合要求时每超过 0.1% 减 2 分。

对于连续配筋的混凝土路面和钢筋混凝土路面，因干缩、温缩产生的裂缝，可不减分。

3. 路面侧石直顺、曲线圆滑，越位 20mm 以上者，每处

54

减 1~2 分。

4. 接缝填筑饱满密实，不污染路面。不符合要求时，累计长度每 100m 减 2 分。

5. 胀缝有明显缺陷时，每条减 1~2 分。

5.3 沥青混凝土面层和沥青碎（砾）石面层

5.3.1 沥青混凝土面层和沥青碎（砾）石面层的基本要求

1. 沥青混合料的矿料质量及矿料级配应符合设计要求和施工规范的规定。

2. 严格控制各种矿料和沥青用量及各种材料和沥青混合料的加热温度，沥青材料及混合料的各项指标应符合设计和施工规范要求。沥青混合料的生产，每日应做抽提试验、马歇尔稳定度试验。矿料级配、沥青含量、马歇尔稳定度等结果的合格率应不小于 90%。

3. 拌和后的沥青混合料应均匀一致，无花白，无粗细料分离和结团成块现象。

4. 基层必须碾压密实，表面干燥、清洁、无浮土，其平整度和路拱度应符合要求。

5. 摊铺时应严格控制摊铺厚度和平整度，避免离析，注意控制摊铺和碾压温度，碾压至要求的密实度。

5.3.2 沥青混凝土面层和沥青碎（砾）石面层的实测项目见表 5.3.2。

5.3.3 沥青混凝土面层和沥青碎（砾）石面层的外观鉴定

1. 表面应平整密实，不应有泛油、松散、裂缝和明显离析等现象，对于高速公路和一级公路，有上述缺陷的面积（凡属单条的裂缝，则按其实际长度乘以 0.2m 宽度，折算成面积）之和不得超过受检面积的 0.03%，其他公路不得超过 0.05%。不符合要求时每超过 0.03% 或 0.05% 减 2 分。

沥青混凝土面层和沥青碎（砾）石面层实测项目　表 5.3.2

项次	检查项目		规定值或允许偏差		检查方法和频率	权值
			高速公路、一级公路	其他公路		
1△	压实度(%)		试验室标准密度的 96%(*98%)；最大理论密度的 92%(*94%)；试验段密度的 98%(*99%)		按"1.4"检查，每 200m 测 1 处	3
2	平整度	σ(mm)	1.2	2.5	平整度仪：全线每车道连续按每 100m 计算 IRI 或 σ	2
		IRI(m/km)	2.0	4.2		
		最大间隙 h(mm)	—	5	3m 直尺：每 200m 测 2 处×10 尺	
3	弯沉值(0.01mm)		符合设计要求		按"1.11"检查	2
4	渗水系数		SMA 路面 200mL/min；其他沥青混凝土路面 300mL/min	—	渗水试验仪：每 200m 测 1 处	2
5	抗滑	摩擦系数	符合设计要求	—	摆式仪：每 200m 测 1 处；摩擦系数测定车：全线连续，按"1.12"评定	2
		构造深度			铺砂法：每 200m 测 1 处	
6△	厚度(mm)	代表值	总厚度：设计值的 $-5\%H$ 上面层：设计值的 $-10h$	$-8\%H$	按"1.10"检查，双车道每 200m 测 1 处	3
		合格值	总厚度：设计值的 $-10\%H$ 上面层：设计值的 $-20\%h$	$-15\%H$		
7	中线平面偏位(mm)		20	30	经纬仪：每 200m 测 4 点	1
8	纵断高程(mm)		±15	±20	水准仪：每 200m 测 4 断面	1

项次	检查项目		规定值或允许偏差		检查方法和频率	权值
			高速公路、一级公路	其他公路		
9	宽度 (mm)	有侧石	±20	±30	尺量：每200m测4断面	1
		无侧石	不小于设计			
10	横坡(%)		±0.3	±0.5	水准仪：每200m测4处	1

注：1. 表内压实度可选用其中的1个或2个标准，并以合格率低的作为评定结果。带*号者是指SMA路面，其他为普通沥青混凝土路面。
    2. 表列厚度仅规定负允许偏差。H 为沥青层设计总厚度（mm），h 为沥青上面层设计厚度（mm）。

半刚性基层的反射裂缝可不计作施工缺陷，但应及时进行灌缝处理。

2. 搭接处应紧密、平顺，烫缝不应枯焦。不符合要求时，累计每10m长减1分。

3. 面层与路缘石及其他构筑物应密贴接顺，不得有积水或漏水现象。不符合要求时，每一处减1~2分。

5.4 沥青表面处治面层

5.4.1 沥青表面处治面层的基本要求

1. 在新建或旧路的表层进行表层处治时，应将表面的泥砂及一切杂物清除干净，底层必须坚实、稳定、平整，保持干燥后才可施工。

2. 沥青材料的各项指标和石料的质量、规格、用量应符合设计要求和施工规范的规定。

3. 沥青洒浇应均匀，无露白，不得污染其他构筑物。

4. 嵌缝料必须趁热撒铺，扫布均匀，不得有重叠现象，

57

压实平整。

5.4.2 沥青表面处治面层的实测项目，见表 5.4.2。

沥青表面处治面层实测项目 表 5.4.2

项次	检查项目		规定值或允许偏差	检查方法和频率	权值
1	平整度	σ(mm) IRI(m/km)	4.5	平整度仪：全线每车道连续按每 100m 计算 IRI 或 σ	2
		最大间隙 h(mm)	10	3m 直尺：每 200m 测 2 处 × 10 尺	
2	弯沉值(0.01mm)		符合设计要求	按"1.11"检查	
3△	厚度 (mm)	代表值	−5	按"1.10"检查，每 200m 每车道 1 点	3
		合格值	−10		
4	沥青用量(kg/m²)		±0.5%	每工作日每层洒布查 1 次	2
5	中线平面偏位(mm)		30	经纬仪：每 200m 测 4 点	1
6	纵断高程(mm)		±20	水准仪：每 200m 测 4 断面	1
7	宽度 (mm)	有侧石	±30	尺量：每 200m 测 4 处	2
		无侧石	不小于设计		
8	横坡		±0.5	水准仪：每 200m 测 4 断面	1

注：沥青总用量按《公路路基路面现场测试规程》JTG E60 中 T0892 的方法，每工作日每层洒布沥青检查一次，并计算同一路段的单位面积的总沥青用量。

5.4.3 沥青表面处治面层的外观鉴定

1. 表面平整密实，不应有松散、油包、油丁、波浪、泛油、封面料明显散失等现象，有上述缺陷的面积之和不超过受检面积的 0.2%。不符合要求时，每超过 0.2% 减 2 分。

2. 无明显碾压轮迹。不符合要求时，每处减 1~2 分。

3. 面层与路缘石及其他构筑物应密贴接顺，不得有积水现象。不符合要求时，每处减 1~2 分。

5.5 水泥稳定粒料（碎石、砂砾或矿渣等）基层和底基层

5.5.1 水泥稳定粒料（碎石、砂砾或矿渣等）基层和底基层的基本要求

1. 粒料应符合设计和施工规范要求，并应根据当地料源选择质坚干净的粒料，矿渣应分解稳定，未分解渣块应予剔除。

2. 水泥用量和矿料级配按设计控制准确。

3. 路拌深度要达到层底。

4. 摊铺时要注意消除离析现象。

5. 混合料处于最佳含水量状况下，用重型压路机碾压至要求的压实度从加水拌和到碾压终了的时间不应超过 3~4h，并应短于水泥的终凝时间。

6. 碾压检查合格后立即覆盖或洒水养生，养生期要符合规范要求。

5.5.2 水泥稳定粒料（碎石、砂砾或矿渣等）基层和底基层的实测项目，见表 5.5.2。

水泥稳定粒料基层和底基层实测项目　　表 5.5.2

项次	检查项目		规定值或允许偏差				检查方法和频率	权值
			基层		底基层			
			高速公路一级公路	其他公路	高速公路一级公路	其他公路		
1△	压实度（%）	代表值	98	97	96	95	按"1.4"检查每200m每车道2处	3
		极值	94	93	92	91		
2	平整度(mm)		8	12	12	15	3m 直尺：每200m测2处×10尺	2

项次	检查项目		规定值或允许偏差				检查方法和频率	权值
			基　层		底基层			
			高速公路一级公路	其他公路	高速公路一级公路	其他公路		
3	纵断高程（mm）		+5，-10	+5，-15	+5，-15	+5，-20	水准仪：每200m测4个断面	1
4	宽度（mm）		符合设计要求		符合设计要求		尺量：每200m测4个断面	1
5△	厚度（mm）	代表值	-8	-10	-10	-12	按"1.10"检查，每200m每车道1点	3
		合格值	-15	-20	-25	-30		
6	横坡（%）		±0.3	±0.5	±0.3	±0.5	水准仪：每200m测4个断面	1
7△	强度（MPa）		符合设计要求		符合设计要求		按"1.9"检查	3

5.5.3 水泥稳定粒料（碎石、砂砾或矿渣等）基层和底基层的外观鉴定

1. 表面平整密实、无坑洼、无明显离析。不符合要求时，每处减 1~2 分。

2. 施工接茬平整、稳定。不符合要求时，每处减 1~2 分。

5.6 石灰、粉煤灰稳定粒料（碎石、砂砾或 矿渣等）基层和底基层

5.6.1 石灰、粉煤灰稳定粒料（碎石、砂砾或矿渣等）基层和底基层的基本要求

1. 粒料应符合设计和施工规范要求，并应根据当地料源选择质坚干净的粒料。矿渣应分解稳定，未分解渣块应予剔除。

60

2. 石灰和粉煤灰质量应符合设计要求，石灰须经充分消解才能使用。

3. 混合料配合比应准确，不得含有灰团和生石灰块。

4. 摊铺时要注意消除离析现象。

5. 碾压时应先用轻型压路机稳压，后用重型压路机碾压至要求的压实度。

6. 保湿养生，养生期要符合规范要求。

5.6.2 石灰、粉煤灰稳定粒料（碎石、砂砾或矿渣等）基层和底基层的实测项目见表5.6.2。

石灰、粉煤灰稳定粒料基层和底基层实测项目 表5.6.2

项次	检查项目		规定值或允许偏差				检查方法和频率	权值
			基 层		底 基 层			
			高速公路一级公路	其他公路	高速公路一级公路	其他公路		
1△	压实度（%）	代表值	98	97	96	95	按"1.4"检查，每200m每车道2处	3
		极 值	94	93	92	91		
2	平整度（mm）		8	12	12	15	3m 直尺：每200m测2处×10尺	2
3	纵断高程（mm）		+5，-10	+5，-15	+5，-15	+5，-20	水准仪：每200m测4个断面	1
4	宽度（mm）		符合设计要求		符合设计要求		尺 量：每200m测4个断面	1
5△	厚度（mm）	代表值	-8	-10	-10	-12	按"1.10"检查，每200m每车道1点	2
		合格值	-15	-20	-25	-30		
6	横坡（%）		±0.3	±0.5	±0.3	±0.5	水准仪：每200m测4个断面	1
7△	强度（MPa）		符合设计要求		符合设计要求		按"1.9"检查	3

5.6.3 石灰、粉煤灰稳定粒料（碎石、砂砾或矿渣等）基层和底基层的外观鉴定

1. 表面平整密实、无坑洼、无明显离析。不符合要求时，每处减 1~2 分。

2. 施工接茬平整、稳定。不符合要求时，每处减 1~2 分。

5.7 级配碎（砾）石基层和底基层

5.7.1 级配碎（砾）石基层和底基层的基本要求

1. 选用质地坚韧、无杂质碎石、砂砾、石屑或砂，级配应符合要求。

2. 配料必须准确，塑性指数必须符合规定。

3. 混合料拌和均匀，无明显离析现象。

4. 碾压应遵循先轻后重的原则，洒水碾压至要求的密实度。

5.7.2 级配碎（砾）石基层和底基层的实测项目见表 5.7.2。

级配碎（砾）石基层和底基层实测项目　　表 5.7.2

项次	检查项目		规定值或允许偏差				检查方法和频率	权值
			基层		底基层			
			高速公路一级公路	其他公路	高速公路一级公路	其他公路		
1△	压实度（%）	代表值	98	98	96	96	按"1.4"检查，每200m每车道2处	3
		极值	94	94	92	92		
2	弯沉值(0.01mm)		符合设计要求		符合设计要求		按"1.11"检查	3
3	平整度(mm)		8	12	12	15	3m 直尺：每200m测2处×10尺	2

项次	检查项目		规定值或允许偏差				检查方法和频率	权值
			基层		底基层			
			高速公路一级公路	其他公路	高速公路一级公路	其他公路		
4	纵断高程(mm)		+5, -10	+5, -15	+5, -15	+5, -20	水准仪：每200m测4个断面	1
5	宽度(mm)		符合设计要求		符合设计要求		尺量：每200m测4处	1
6△	厚度(mm)	代表值	-8	-10	-10	-12	按"1.10"检查，每200m每车道1点	2
		合格值	-15	-20	-25	-30		
7	横坡(%)		±0.3	±0.5	±0.3	±0.5	水准仪：每200m测4个断面	1

5.7.3 级配碎（砾）石基层和底基层的外观鉴定

表面平整密实，边线整齐，无松散。不符合要求每处减1~2分。

5.8 路缘石铺设

5.8.1 路缘石铺设的基本要求

1. 预制缘石的质量应符合设计要求。

2. 安砌稳固，顶面平整，缝宽均匀，勾缝密实，线条直顺，曲线圆滑美观。

3. 槽底基础和后背填料必须夯打密实。

4. 现浇路缘石材料应符合设计要求。

5.8.2 路缘石铺设的实测项目见表5.8.2。

5.8.3 路缘石铺设的外观鉴定

1. 勾缝密实均匀，无杂物污染。不符合要求时，每处减

1~2 分。

2. 缘石与路面齐平，排水口整齐、通畅，无阻水现象。不符合要求时，每处减 1~2 分。

路缘石铺设实测项目 表 5.8.2

项次	检查项目		规定值或允许偏差	检查方法和频率	权值
1	直顺度（mm）		15	20m 拉线；每 200m 测 4 处	3
2	预制铺设	相邻两块高差（mm）	3	水平尺：每 200m 测 4 处	2
		相邻两块缝宽（mm）	±3	尺量：每 200m 测 4 处	1
	现浇	宽度（mm）	±5	尺量：每 200m 测 4 处	2
3	顶面高程（mm）		±10	水准仪：每 200m 测 4 点	2

5.9 路 肩

5.9.1 路肩的基本要求

1. 路肩表面应平整密实，不积水。

2. 肩线应直顺，曲线圆滑。

3. 硬路肩质量要求应与路面结构层相同。

5.9.2 路肩的实测项目见表 5.9.2。

路肩实测项目 表 5.9.2

项次	检查项目		规定值或允许偏差	检查方法和频率	权值
1	压实度（%）		不小于设计	按"1.4"检查，每 200m 测 2 处	2
2	平整度（mm）	土路肩	20	3m 直尺：每 200m 测 2 处×4 尺	1
		硬路肩	10		

64

项次	检查项目	规定值或允许偏差	检查方法和频率	权值
3	横坡(%)	±1.0	水准仪：每200m测2处	1
4	宽度(mm)	符合设计要求	尺量：每200m测2处	2

5.9.3 路肩的外观鉴定

1. 路肩无阻水现象。不符合要求时，每处减1~2分。

2. 路肩边缘直顺，无其他堆积物。不符合要求时，单向累计长度每50m或每处减1~2分。

6 桥梁工程

6.1 一般规定

6.1.1 独立桥梁、互通或分离式立交桥、高架桥、人行天桥和符合小桥标准的通道按本章有关规定进行评定。

6.1.2 本章仅列出公路桥涵中最常用的砌体分项工程,防护工程和其他未包含的分项工程按挡土墙、防护及其他砌筑工程要求进行评定。

6.1.3 钢筋混凝土构件和预应力混凝土构件除包括构件浇筑、构件安装等分项工程外,均应包括钢筋加工及安装、预应力筋加工和张拉等分项工程。

6.1.4 顶推施工梁、悬臂施工梁和转体施工梁除按本章6.7.3、6.7.4、6.7.5评定外,还应对梁段制作进行评定。

6.1.5 拱圈的施工必须在桥台填土完成后进行,避免因桥台水平位移而引起拱圈开裂。施工中应严密监控拱圈的变形是否正常,一旦出现不利于拱圈稳定的反对称变形或异常变形,必须立即分析原因,采取措施予以纠正。

6.1.6 拱桥组合桥台的组合性能按本章6.6.5进行评定,各个组成部分按本章相关分项工程的规定进行评定。

6.1.7 转体施工的拱除按本章6.8.4评定外,还应对拱圈制作进行评定。

6.1.8 拱桥拱上建筑按本章第6.6、6.7、6.8的有关规定评定。

6.1.9 主跨和边跨采用不同材料的混合式斜拉桥，可综合本章第十节中不同类型斜拉桥的相关规定进行评定，地锚式斜拉桥锚碇部分可按本章 6.10 相关规定进行评定。

6.1.10 拉吊组合体系桥可综合本章 6.10、6.11 相关规定进行评定。

6.1.11 桥上采用的波形护栏或缆索护栏，按照本标准 6.12.11、6.12.12 进行评定。

6.1.12 桥上照明、监控、航空航运标志等附属设施应参照相关专业标准进行评定。

6.1.13 每座独立大桥、中桥为一个单位工程，互通立交中的每座桥梁以及路基工程中的每座小桥（包括符合小桥标准的通道）、人行天桥和渡槽各为一个分部工程。分项工程原则上按结构构件和施工阶段划分。特大桥的单位工程、分部工程的划分可根据具体情况确定。

6.2 桥 梁 总 体

6.2.1 桥梁总体的基本要求

1. 桥梁施工应严格按照设计图纸、施工技术规范和有关技术操作规程要求进行。

2. 桥下净空不得小于设计要求。

3. 特大跨径桥梁或结构复杂的桥梁，必要时应进行荷载试验。

6.2.2 桥梁总体的实测项目，见表 6.2.2。

6.2.3 桥梁总体的外观鉴定

桥梁总体实测项目　　　　　表 6.2.2

项次	检查项目		规定值或允许偏差	检查方法和频率	权值
1	桥面中线偏位(mm)		20	全站仪或经纬仪:检查 3~8 处	2
2	桥宽(mm)	车行道	±10	尺量:每孔 3~5 处	2
		人行道	±10		
3	桥长(mm)		+300,−100	全站仪或经纬仪、钢尺检查	1
4	引道中心线与桥梁中心线的衔接(mm)		20	尺量:分别将引道中心线和桥梁中心线延长至两岸桥长端部,比较其平面位置	2
5	桥头高程衔接(mm)		±3	水准仪:在桥头搭板范围内顺延桥面纵坡,每米 1 点测量标高	2

1. 桥梁的内外轮廓线条应顺滑清晰,无突变、明显折变或反复现象。不符合要求时减 1~3 分。

2. 栏杆、防护栏,灯柱和缘石的线形顺滑流畅,无折弯现象。不符合要求时减 1~3 分。

3. 踏步顺直,与边坡一致。不符合要求时减 1~2 分。

6.3 钢筋和预应力筋加工、安装及张拉

6.3.1 钢筋加工及安装

1. 钢筋加工及安装的基本要求

1) 钢筋、机械连接器、焊条等的品种、规格和技术性能应符合国家现行标准规定和设计要求。

2) 冷拉钢筋的机械性能必须符合规范要求,钢筋平直,表面不应有裂皮和油污。

3) 受力钢筋同一截面的接头数量、搭接长度、焊接和

机械接头质量应符合施工技术规范要求。

4）钢筋安装时，必须保证设计要求的钢筋根数。

5）受力钢筋应平直，表面不得有裂纹及其他损伤。

2. 钢筋加工及安装的实测项目，见表 6.3.1-1 至表 6.3.1-3。

钢筋安装实测项目 表 6.3.1-1

项次	检查项目			规定值或允许偏差	检查方法和频率	权值
1△	受力钢筋间距(mm)		两排以上排距	±5	尺量:每构件检查2个断面	3
		同排	梁、板、拱肋	±10		
			基础、锚碇、墩台、柱	±20		
		灌注桩		±20		
2	箍筋、横向水平钢筋、螺旋筋间距(mm)			±10	尺量:每构件检查5~10个间距	2
3	钢筋骨架尺寸		长	±10	尺量:按骨架总数30%抽查	1
			宽、高或直径	±5		
4	弯起钢筋位置(mm)			±20	尺量:每骨架抽查30%	2
5△	保护层厚度(mm)		柱、梁、拱肋	±5	尺量:每构件沿模板周边检查8处	3
			基础、锚碇、墩台	±10		
			板	±3		

注：1. 小型构件的钢筋安装按总数抽查30%。
   2. 在海水或腐蚀环境中，保护层厚度不应出现负值。

钢筋网实测项目 表 6.3.1-2

项次	检查项目	规定值或允许偏差	检查方法和频率	权值
1	网的长、宽(mm)	±10	尺量;全部	1
2	网眼尺寸(mm)	+10	尺量:抽查3个网眼	1
3	对角线差(mm)	15	尺量:抽查3个网眼对角线	1

69

预制桩钢筋安装实测项目　　　　表 6.3.1-3

项次	检 查 项 目	规定值或允许偏差	检查方法和频率	权值
1△	纵钢筋间距(mm)	±5	尺量:抽查 3 个断面	3
2	箍筋、螺旋筋间距(mm)	+10	尺量:抽查 5 个间距	2
3△	纵向钢筋保护层厚度(mm)	±5	尺量:抽查 3 个断面,每个断面 4 处	3
4	桩顶钢筋网片位置(mm)	±5	尺量:每桩	1
5	桩尖纵向钢筋位置(mm)	±5	尺量:每桩	1

注:在海水或腐蚀环境中,保护层厚度不应出现负值。

3. 钢筋加工及安装的外观鉴定

1)钢筋表面无铁锈及焊渣。不符合要求时减 1～3 分。

2)多层钢筋网要有足够的钢筋支撑,保证骨架的施工刚度。不符合要求时减 1～3 分。

6.3.2 预应力筋的加工和张拉

1. 预应力筋的加工和张拉的基本要求

1)预应力筋的各项技术性能必须符合国家现行标准规定和设计要求。

2)预应力束中的钢丝、钢绞线应梳理顺直,不得有缠绞、扭麻花现象,表面不应有损伤。

3)单根钢绞线不允许断丝。单根钢筋不允许断筋或滑移。

4)同一截面预应力筋接头面积不超过预应力筋总面积的 25%,接头质量应满足施工技术规范的要求。

5)预应力筋张拉或放张时混凝土强度和龄期必须符合设计要求,严格按照设计规定的张拉顺序进行操作。

6)预应力钢丝采用镦头锚时,镦头应头形圆整,不得有斜歪或破裂现象。

7）制孔管道应安装牢固，接头密合，弯曲圆顺。锚垫板平面应与孔道轴线垂直。

8）千斤顶、油表、钢尺等器具应经检验校正。

9）锚具、夹具和连接器应符合设计要求，按施工技术规范的要求经检验合格后方可使用。

10）压浆工作在5℃以下进行时，应采取防冻或保温措施。

11）孔道压浆的水泥浆性能和强度应符合施工技术规范要求，压浆时排气、排水孔应有水泥原浆溢出后方可封闭。

12）按设计要求浇筑封锚混凝土。

2. 预应力筋的加工和张拉的实测项目，见表6.3.2-1至表6.3.2-3。

钢丝、钢绞线先张法实测项目　　　表6.3.2-1

项次	检查项目		规定值或允许偏差	检查方法和频率	权值
1	镦头钢丝同束长度相对差（mm）	$L > 20m$	$L/5000$ 及 5	尺量：每批抽查2束	2
		$20 \leq L \leq 6m$	$L/3000$		
		$L < 6m$	2		
2△	张拉应力值		符合设计要求	查油压表读数：每束	3
3△	张拉伸长率		符合设计规定，无设计规定时 ±6%	尺量：每束	3
4	同一构件内断丝根数不超过钢丝总数的百分数		1%	目测：每根（束）检查	3

注：L 为钢束长度。

粗钢筋先张法实测项目　　　　表6.3.2-2

项次	检查项目	规定值或允许偏差	检查方法和频率	权值
1	冷拉钢筋接头在同一平面内的轴线偏位(mm)	2及1/10直径	拉线用尺量:抽查30%	2
2	中心偏位(mm)	4%短边及5	尺量:全部	1
3△	张拉应力值	符合设计要求	查油压表读数:全部	3
4△	张拉伸长率	符合设计规定,无设计规定时±6%	尺量:全部	3

后张法实测项目　　　　表6.3.2-3

项次	检查项目		规定值或允许偏差	检查方法和频率	权值
1	管道坐标(mm)	梁长方向	±30	尺量:抽查30偑每根查10个点	2
		梁高方向	±10		
2	管道间距(mm)	同排	10	尺量:抽查30%,每根查5个点	1
		上下层	10		
3△	张拉应力值		符合设计要求	查油压表读数:全部	4
4△	张拉伸长率		符合设计规定,无设计规定时±6%	尺量:全部	3
5	断丝滑丝数	钢束	每束1根,且每断面不超过钢丝总数的1%	目测:每根(束)	3
		钢筋	不允许		

3. 预应力筋的加工和张拉的外观鉴定

预应力筋表面应保持清洁,不应有明显的锈迹,不符合要求时减1~3分。

72

6.4 砌 体

6.4.1 基础砌体

1. 基础砌体的基本要求

1）石料或混凝土预制块的强度、质量和规格必须符合有关规范的要求。

2）砂浆所用的水泥、砂和水的质量必须符合有关规范的要求，按规定的配合比施工。

3）地基承载力应满足设计要求，严禁超挖回填虚土。

4）砌块应错缝、坐浆挤紧，嵌缝料和砂浆饱满，无空洞、宽缝、大堆砂浆填隙和假缝。

2. 基础砌体的实测项目，见表 6.4.1。

基 础 砌 体 表 6.4.1

项次	检查项目		规定值或允许偏差	检查方法和频率	权值
1△	砂浆强度（MPa）		在合格标准内	按"1.8"检查	3
2	轴线偏位（mm）		25	经纬仪：纵、横各测量2点	2
3	平面尺寸（mm）		±50	尺量：长、宽各3处	2
4△	顶面高程（mm）		±30	水准仪：测5～8点	1
5△	基底高程（mm）	土质	±50	水准仪：测5～8点	2
		石质	+50，-200		

3. 外观鉴定

1）砌体表面应平整，不符合要求时减 1～3 分。

2）砌缝不应有裂隙，不符合要求时减 1～3 分。裂隙宽度超过 0.5mm 时必须进行处理。

6.4.2 墩、台身砌体

1. 墩、台身砌体的基本要求

1）石料或混凝土预制块的强度、质量和规格，必须符合有关规范的要求。

2）砂浆所用的水泥、砂和水的质量必须符合有关规范的要求，按规定的配合比施工。

3）砌块应错缝坐浆挤紧，嵌缝料和砂浆饱满，无空洞、宽缝、大堆砂浆填隙和假缝。

2. 墩、台身砌体的实测项目见表6.4.2。

墩、台身砌体实测项目 表6.4.2

项次	检查项目		规定值或允许偏差	检查方法和频率	权值
1△	砂浆强度(MPa)		在合格标准内	按"1.8"检查	3
2	轴线偏位(mm)		20	全站仪或经纬仪：纵、横各测量2点	1
3	墩、台长、宽(mm)	料石	+20, -10	尺量：检查3个断面	1
		块石	+30, -10		
		片石	+40, -10		
4	竖直度或坡度	料石、块石	0.3	垂线或经纬仪：纵、横各测量2处	1
		片石	0.5		
5△	墩、台顶面高程(mm)		+10	水准仪：测量3点	2
6	大面积平整度(mm)	料石	10	2m直尺：检查竖直、水平两个方向，每20m²测1处	1
		块石	20		
		片石	30		

3. 墩、台身砌体的外观鉴定

1）砌体直顺，表面平整，不符合要求时减 1～3 分。

2）勾缝平顺，无开裂和脱落现象。不符合要求时减 1～分。

3）砌缝不应有裂隙，不符合要求时减 1～3 分。裂隙宽超过 0.5mm 时必须进行处理。

4.3 拱圈砌体

1. 拱圈砌体的基本要求

1）石料或混凝土预制块的强度、质量和规格，必须符合有关规范的要求。

2）砂浆所用的水泥、砂和水的质量必须符合有关规范的要求，按规定的配合比施工。

3）拱圈的辐射缝应垂直于拱轴线，辐射缝两侧相邻两开拱石的砌缝应互相错开，错开距离不应小于 100mm。

4）砌块应错缝、坐浆挤紧，嵌缝料和砂浆饱满，无空洞、宽缝、大堆砂浆填隙和假缝。

5）拱架应牢固稳定，严格按设计规定的顺序砌筑拱圈和卸架。

2. 拱圈砌体的实测项目，见表 6.4.3。

拱圈砌体实测项目　　　表 6.4.3

项次	检查项目		规定值或允许偏差	检查方法和频率	权值
1△	砂浆强度（MPa）		在合格标准内	按"1.8"检查	3
2	砌体外侧平面偏位（mm）	无镶面	+30，-10	经纬仪：检查拱脚、拱顶、1/4 跨共 5 处	1
		有镶面	+20，-10		
3△	拱圈厚度（mm）		+30，-0	尺量：检查拱脚、拱顶、1/4 跨共 5 处	2

75

项次	检查项目		规定值或允许偏差	检查方法和频率	权值
4	相邻镶面石砌块表层错位(mm)	料石、混凝土预制块	3	拉线用尺量:检查3~5处	1
		块石	5		
5	内弧线偏离设计弧线(mm)	跨径≤30m	±20	水准仪或尺量:检查拱脚、拱顶、1/4跨共5处高程	2
		跨径>30m	±1/1500跨径		
		极值	拱腹四分点:允许偏差的2倍且反向		

注:项次2平面偏位向外为"+",向内为"-",下同。

3. 外观鉴定

1)拱圈轮廓线清晰,表面整齐。不符合要求时减1~3分。

2)勾缝平顺,无开裂和脱落现象。不符合要求时减2~4分。

3)砌缝不应有裂隙,不符合要求时减1~3分。裂隙宽度超过0.5mm时必须进行处理。

6.4.4 侧墙身砌体

1. 侧墙身砌体的基本要求

同6.4.2墩、台身砌体基本要求。

2. 侧墙身砌体的实测项目,见表6.4.4。

3. 侧墙身砌体的外观鉴定

同6.4.2墩台、身砌体条外观鉴定。

侧墙砌体实测项目　　　表 6.4.4

项次	检查项目		规定值或允许偏差	检查方法和频率	权值
1△	砂浆强度（MPa）		在合格标准内	按"1.8"检查	3
2	砌体外侧平面偏位（mm）	无镶面	+30，-10	经纬仪：抽查 5 处	1
		有镶面	+20，-10		
3△	宽度（mm）		+40，-10	尺量：检查 5 处	2
4	顶面高程（mm）		±10	水准仪：检查 5 点	2
5	竖直度或坡度	片石砌体	0.5	吊垂线：每侧墙面检查 1~2 处	1
		块石、粗料石、混凝土块镶面	0.3		

6.5　基　　础

6.5.1　扩大基础

1. 扩大基础的基本要求

1）所用的水泥、砂、石、水外掺剂及混合材料的质量和规格必须符合有关规范的要求，按规定的配合比施工。

2）不得出现露筋和空洞现象。

3）基础的地基承载力必须满足设计要求。

4）严禁超挖回填虚土。

2. 扩大基础的实测项目见表 6.5.1。

3. 扩大基础的外观鉴定

混凝土表面平整无明显施工接缝。不符合要求时减 1~3 分。

扩大基础实测项目 表6.5.1

项次	检查项目		规定值或允许偏差	检查方法和频率	权值
1△	砂浆强度（MPa）		在合格标准内	按"1.6"检查	3
2	平面尺寸（mm）		±50	尺量：长、宽各检查3处	2
3△	基础底面高程（mm）	土质	±50	水准仪：测量5～8点	2
		石质	+50，−200		
4	基础顶面高程（mm）		±30	水准仪：测量5～8点	1
5	轴线偏位（mm）		25	全站仪或经纬仪：纵、横各检查2点	2

6.5.2 钻孔灌注桩

1. 钻孔灌注桩的基本要求

1）桩身混凝土所用的水泥、砂、石、水、外掺剂及泪合材料的质量和规格必须符合有关规范的要求，按规定的配合比施工。

2）成孔后必须清孔，测量孔径、孔深、孔位和沉淀层厚度，确认满足设计或施工技术规范要求后，方可灌注水下混凝土。

3）水下混凝土应连续灌注，严禁有夹层和断桩。

4）嵌入承台的锚固钢筋长度不得低于设计规范规定的最小锚固长度要求。

5）应选择有代表性的桩用无破损法进行检测，重要工程或重要部位的桩宜逐根进行检测。设计有规定或对桩的质量有怀疑时，应采取钻芯取样法对桩进行检测。

6）凿除桩头预留混凝土后，桩顶应无残余的松散泪凝土。

2. 钻孔灌注桩的实测项目见表6.5.2。

钻孔灌注桩实测项目   表6.5.2

项次	检查项目			规定值或允许偏差	检查方法和频率	权值
1△	混凝土强度（MPa）			在合格标准内	按"1.6"检查	3
2△	桩位（mm）	群桩		100	全站仪或经纬仪:每桩检查	2
		排架桩	允许	50		
			极值	100		
3△	孔深（m）			不小于设计	测绳量:每桩测量	3
4△	孔径（mm）			不小于设计	探孔器:每桩测量	3
5	钻孔倾斜度（mm）			1%桩长,且不大于500	用测壁(斜)仪或钻杆垂线法:每桩检查	1
6△	沉淀厚度（mm）	摩擦桩		符合设计规定,设计未规定时按施工规范要求	沉淀盒或标准测锤:每桩检查	2
		支承桩		不大于设计规定		
7	钢筋骨架底面高程（mm）			±50	水准仪:测每桩骨架顶面高程后反算	1

3. 钻孔灌注桩的外观鉴定

1）无破损检测桩的质量有缺陷，但经设计单位确认仍可用时，应减3分。

2）桩顶面应平整，桩柱连接处应平顺且无局部修补，不符合要求时减1~3分。

6.5.3 挖孔桩

1. 挖孔桩的基本要求

1）桩身混凝土所用的水泥、砂、石、水、外掺剂及混合材料的质量和规格必须符合有关规范的要求，按规定的配合比施工。

2）挖孔达到设计深度后，应及时进行孔底处理，必须做到无松渣、淤泥等扰动软土层，使孔底情况满足设计要求。

3）嵌入承台的锚固钢筋长度不得小于设计规范规定的最小锚固长度要求。

2. 挖孔桩的实测项目见表 6.5.3。

挖孔桩实测项目　　　　表 6.5.3

项次	检查项目			规定值或允许偏差	检查方法和频率	权值
1△	混凝土强度（MPa）			在合格标准内	按"1.6"检查	3
2△	桩位（mm）	群桩		100	全站仪或经纬仪；每桩检查	2
		排架桩	允许	50		
			极值	100		
3△	孔深（m）			不小于设计值	测绳量；每桩测量	3
4△	孔径（mm）			不小于设计值	探孔器；每桩测量	3
5	钻孔倾斜度（mm）			0.5%桩长，且不大于200	垂线法；每桩检查	1
6	钢筋骨架底面高程（mm）			±50	水准仪测骨架顶面高程后反算；每桩检查	1

3. 外观鉴定

1）无破损检测桩的质量有缺陷，但经设计单位确认仍可用时，应减3分。

2）桩顶面应平整，桩柱连接处应平顺且无局部修补，不符合要求时减 1~3 分。

6.5.4 沉桩

1. 沉桩的基本要求

1）混凝土桩所用的水泥、砂、石、水、外掺剂及混合材料的质量和规格必须符合有关规范的要求，按规定的配合比施工。

2）混凝土预制桩必须按表6.5.4-1检查合格后，方可沉桩。

3）钢管桩的材料规格、外形尺寸和防护应符合设计和施工技术规范的要求。

4）用射水法沉桩，当桩尖接近设计高程时，应停止射水，用锤击或振动使桩达到设计高程。

5）桩的接头应严格按照规范要求，确保质量。

2. 沉桩的实测项目见表6.5.4-1及表6.5.4-2

预制桩实测项目

表6.5.4-1

项次	检查项目		规定值或允许偏差	检查方法和频率	权值
1△	混凝土强度（MPa）		在合格标准内	按"1.6"检查	3
2	长度（mm）		±50	尺量：每桩检查	1
3	横截面（mm）	桩的边长	±5	尺量：每预制件检查2个断面，检查10%	2
		空心桩空心（管芯）直径	±5		
		空心中心与桩中心偏差	±5		
4	桩尖对桩的纵轴线（mm）		10	尺量：抽查10%	1
5	桩纵轴线弯曲矢高（mm）		0.1%桩长，且不大于20	沿桩长拉线量，取最大矢高：抽查10%	1
6	桩顶面与桩纵轴线倾斜偏差（mm）		1%桩径或边长，且不大于3	角尺：抽检10%	1
7	接桩的接头平面与桩轴平面垂直度		0.5%	角尺：抽检20%	1

沉桩实测项目

表 6.5.4-2

项次	检查项目			规定值或允许偏差	检查方法和频率	权值
1	桩位（mm）	群桩	中间桩	$d/2$ 且不大于 250	全站仪或经纬仪：检查 20%	2
			外缘桩	$d/4$		
		排架桩	顺桥方向	40		
			垂直桥轴方向	50		
2△	桩尖高程（mm）			不高于设计规定	水准仪测桩顶面高程后反算：每桩检查	3
	贯入度（mm）			小于设计规定	与控制贯入度比较：每桩检查	
3	倾斜度	直桩		1%	垂线法：每桩检查	2
		斜桩		$15\% \tan\theta$		

注：1. d 为桩径或短边长度。

2. θ 为斜桩轴线与垂线间的夹角。

3. 深水中采用打桩船沉桩时，其允许偏差应符合设计规定。

4. 当贯入度符合设计规定但桩尖高程未达到设计高程，应按施工技术规范的规定进行检验，并得到设计认可时，桩尖高程为合格。

3. 沉桩的外观鉴定

1）预制桩的桩顶和桩尖不得有蜂窝、麻面现象。不符合要求时减 1~3 分。

2）桩头无劈裂，如有劈裂时应进行处理，并减 1~3 分。

6.5.5 地下连续墙

1. 地下连续墙的基本要求

1）混凝土所用的水泥、砂、石、水、外掺剂及混合材料的质量和规格必须符合有关规范的要求，按规定的配合比施工。

2）墙体的深度和宽度必须符合设计要求。

3）每一槽段成槽后，必须采取有效措施清底，并测量槽深、槽宽及倾斜度，符合设计和施工技术规范要求后，方可灌注水下混凝土。

4）相邻两槽段墙体中心线在任一深度的偏差值不得超过 60mm

5）水下混凝土应连续灌注，严禁有夹层和断墙。

6）灌注水下混凝土时，钢筋骨架不得上浮。

7）应处理好接头，防止间隔灌注时漏水漏浆。

8）墙顶应无松散混凝土。

2. 地下连续墙的实测项目见表 6.5.5。

地下连续墙实测项目 表 6.5.5

项次	检查项目	规定值或允许偏差	检查方法和频率	权值
1△	混凝土强度（MPa）	在合格标准内	按"1.6"检查	3
2	轴线位置（mm）	30	全站仪或经纬仪：每槽段测 2 处	1
3	倾斜度（mm）	0.5%墙深	测壁（斜）仪或垂线法：每槽段测 1 处	1
4△	沉淀厚度	符合设计要求	沉淀盒或标准测锤：每槽段测 1 处	2
5	外形尺寸（mm）	+30，-0	尺量：检查 1 个断面	1
6	顶面高程（mm）	±10	水准仪：每槽段测 1～2 处	1

3. 地下连续墙的外观鉴定

1）墙体的裸露墙面应平整，外轮廓线应平顺，槽段内无突变转折现象。不符合要求时，减 1～3 分。

2）槽段之间连接处在基坑开挖时不透水、翻砂。不符合要求时，应进行处理，并减 1～3 分。

6.5.6 沉井

1. 沉井的基本要求

1）混凝土桩所用的水泥、砂、石、水、外掺剂及混合材料的质量和规格必须符合有关规范的要求，按规定的配合比施工。

2）沉井下沉应在井壁混凝土达到规定强度后进行。浮式沉井在下水、浮运前，应进行水密性试验。

3）沉井接高时，各节的竖向中轴线应与第一节竖向中轴线相重合。接高前应纠正沉井的倾斜。

4）沉井下沉到设计高程时，应检查基底，确认符合设计要求后方可封底。

5）沉井下沉中出现开裂，必须查明原因，进行处理后才可继续下沉。

6）下沉应有完整、准确的施工记录。

2. 沉井的实测项目见表6.5.6，沉井的封底见表6.5.8。

沉井实测面目   表6.5.6

项次	检查项目		规定值或允许偏差	检查方法和频率	权值
1△	各节沉井混凝土强度（MPa）		在合格标准内	按"1.6"检查	3
2	沉井平面尺寸（mm）	长、宽	±0.5%边长，大于24m时±120	尺量：每节段	1
		半径	±0.5%半径，大于12m时±60		
3	井壁厚度（mm）	混凝土	+40，-30	尺量：每节段沿周边量4点	1
		钢壳和钢筋混凝土	±15		
4	沉井刃脚高程（mm）		符合设计规定	水准仪：测4~8处顶面高程反算	1

项次	检查项目		规定值或允许偏差	检查方法和频率	权值
5△	中心偏位(纵、横向)(mm)	一般	1/50 井高	全站仪或经纬仪;测沉井两轴线交点	2
		浮式	1/50 井高 + 250		
6	沉井最大倾斜度(纵、横方向)(mm)		1/50 井高	吊垂线:检查两轴线个 1~2 处	2
7	平面扭转角(°)	一般	1	全站仪或经纬仪:检查沉井两轴线	1
		浮式	2		

3. 沉井的外观鉴定

沉井接高时施工缝应清除浮浆和凿毛,不符合要求时减1~3分。

6.5.7 双壁钢围堰

1. 双壁钢围堰的基本要求

1) 钢围堰段采用的钢材和焊接材料的品种规格、化学成分及力学性能必须符合设计和有关技术规范的要求,具有完整的出厂质量合格证明。

2) 钢围堰壳元件的加工尺寸和预拼装精度应符合设计和有关技术规范的要求。

3) 施焊人员必须具有焊接资格和上岗证。

4) 焊缝探伤检测结果应全部合格。

5) 钢围堰拼焊后应进行水密试验,符合设计要求后,方可下沉。

6) 混凝土所用的水泥、砂、石、水、外掺剂及混合材料的质量和规格应符合有关规范的要求,按规定的配合比施工。

7) 钢围堰内各舱浇筑混凝土的顺序,应严格按设计规定进行。

8）钢围堰的下沉见本标准第 6.5.6 条。

2. 实测项目

钢围堰的制作拼装见表 6.5.7。

双壁钢围堰的制作拼装实测项目 表 6.5.7

项次	检查项目		规定值或允许偏差	检查方法和频率	权值
1	顶面中心偏位（mm）	顺桥向	20	全站仪或经纬仪：测围堰两轴线交点，纵横各检查 2 点	1
		横桥向	20		
2	围堰平面尺寸（mm）		直径/500 及 30，互相垂直的直径差 <20	尺量：每节检查 4 处	2
3	高度（mm）		±10	尺量：每节检查 2 处	1
4	节间错台（mm）		2	尺量：每节检查 4 处	1
5△	焊缝质量		符合设计要求	超声：抽检水平、垂直焊缝各 50%	3
6△	水密试验		不允许渗水	加水检查：每节	2

3. 外观鉴定

焊缝均不得有裂纹、未熔合、夹渣、未填满弧坑和焊瘤等缺陷，且焊缝外形均匀，成形良好，焊渣和飞溅物清除干净。不符合要求时每处减 0.5~1 分。

6.5.8 沉井或钢围堰的混凝土封底

1. 沉井或钢围堰的混凝土封底的基本要求

1）混凝土所用的水泥、砂、石、水、外掺剂及混合材料的质量和规格应符合有关规范的要求，按规定的配合比施工。

2）混凝土必须按水下混凝土的操作规程一次浇筑完成，

在围壁处不得出现空洞，不得渗漏水。

2. 沉井或钢围堰的混凝土封底的实测项目见表6.5.8。

沉井或钢围堰封底混凝土实测项目　　表6.5.8

项次	检查项目	规定值或允许偏差	检查方法和频率	权值
1△	混凝土强度(MPa)	在合格标准内	按"1.6"检查	3
2△	基底高程(mm)	+0，-200	测绳和水准仪:5~9处	3
3	顶面高程(mm)	+50	水准仪:5处	1

3. 沉井或钢围堰的混凝土封底的外观鉴定

封底混凝土顶面应保持平整，不符合要求时减1~3分。

6.5.9　承台

1. 承台的基本要求

1）所用的水泥、砂、石、水、外掺剂及混合材料的质量和规格必须符合有关规范的要求，按规定的配合比施工。

2）必须采取措施控制水化热引起的混凝土内最高温度及内外温差在允许范围内，防止出现温度裂缝。

3）不得出现露筋和空洞现象。

2. 承台的实测项目见表6.5.9。

承台实测项目　　表6.5.9

项次	检查项目	规定值或允许偏差	检查方法和频率	权值
1△	混凝土强度(MPa)	在合格标准内	按"1.6"检查	3
2	尺寸(mm)	±30	尺量:长、宽、高检查各2点	1
3	顶面高程(mm)	±20	水准仪:检查5处	2
4	轴线偏位(mm)	15	全站仪或经纬仪:纵、横各测量2点	2

3. 承台的外观鉴定

1）混凝土表面平整，棱角平直，无明显施工接缝。不符合要求时每处减 1~3 分。

2）蜂窝麻面面积不得超过该面总面积的 0.5%，不符合要求时，每超过 0.5% 减 3 分；深度超过 1cm 的必须处理。

3）混凝土表面出现非受力裂缝时减 1~3 分，裂缝宽度超过设计规定或设计未规定时超过 0.15mm 必须处理。

6.5.10　大体积混凝土结构

1. 大体积混凝土结构的基本要求

1）所用的水泥、砂、石、水、外掺剂及混合材料的质量和规格必须符合有关规范的要求。

2）材料配合比应满足大体积混凝土施工的要求，按规定的配合比施工。

3）必须采取措施控制水化热引起的混凝土内最高温度及内外温差在允许范围内，防止出现温度裂缝。

4）不得出现露筋和空洞现象。

2. 大体积混凝土结构的实测项目见表 6.5.10。

大体积混凝土结构实测项目　　表 6.5.10

项次	检查项目	规定值或允许偏差	检查方法和频率	权值
1△	混凝土强度（MPa）	在合格标准内	按"1.6"检查	3
2	轴线偏位（mm）	20	全站仪或经纬仪：纵、横各测量 2 点	2
3	断面尺寸（mm）	±30	尺量：检查 1~2 个断面	2
4	结构高度（mm）	±30	尺量：检查 8~10 处	1
5	顶面高程（mm）	±20	水准仪：测量 8~10 处	2
6	大面积平整度（mm）	8	2m 直尺：检查两个垂直方向，每 20m² 测 1 处	1

3. 大体积混凝土结构的外观鉴定

1）混凝土表面平整，棱角平直，无明显施工接缝。不符合要求时每处减 1~3 分。

2）蜂窝麻面面积不得超过该面总面积的 0.5%，不符合要求时，每超过 0.5% 减 3 分；深度超过 1cm 的必须处理。

3）混凝土表面出现非受力裂缝时减 1~3 分，裂缝宽度超过设计规定或设计未规定时超过 0.15mm 必须处理。

6.6 墩、台身和盖梁

6.6.1 混凝土墩、台身浇筑

1. 混凝土墩、台身浇筑的基本要求

1）混凝土所用的水泥、砂、石、水、外掺剂及混合材料的质量和规格，必须符合有关技术规范的要求，按规定的配合比施工。

2）不得出现空洞和露筋现象。

2. 混凝土墩、台身浇筑的实测项目见表 6.6.1-1 及表 6.6.1-2。

墩、台身实测项目　　　　　　表 6.6.1-1

项次	检查项目	规定值或允许偏差	检查方法和频率	权值
1△	混凝土强度（MPa）	在合格标准内	按"1.6"检查	3
2	断面尺寸（mm）	±20	尺量：检查 3 个断面	2
3	竖直度或斜度（mm）	0.3%H 且不大于 20	吊垂线或经纬仪：测量 2 点	2
4	顶面高程（mm）	±10	水准仪：测量 3 处	2

项次	检查项目	规定值或允许偏差	检查方法和频率	权值
5△	轴线偏位(mm)	10	全站仪或经纬仪:纵、横各测量2点	2
6	节段间错台(mm)	5	尺量:每节检查4处	1
7	大面积平整度(mm)	5	2m直尺:检查竖直、水平两个方向,每20m²测1处	1
8	预埋件位置(mm)	符合设计规定,设计未规定定时:10	尺量:每件	1

注:H为墩、台身高度。

柱或双壁墩身实测项目　　　　表6.6.1-2

项次	检查项目	规定值或允许偏差	检查方法和频率	权值
1△	混凝土强度(MPa)	在合格标准内	按"1.6"检查	3
2	相邻间距(mm)	±20	尺或全站仪测量:检查顶、中、底3处	1
3	竖直度(mm)	0.3%H且不大于20	吊垂线或经纬仪:测量2点	2
4	柱、墩顺高程(mm)	±10	水准仪:测量3处	2
5△	轴线偏位(mm)	10	全站仪或经纬仪:纵、横各测量2点	2
6	断面尺寸(mm)	±15	尺量:检查3个断面	1
7	节段间错台(mm)	3	尺量:每节检查2~4处	1

注:H为墩身或柱高度。

3. 混凝土墩、台身浇筑的外观鉴定

1)混凝土表面平整,施工缝平顺,棱角线平直,外露面色泽一致。不符合要求时减1~3分。

2)蜂窝麻面面积不得超过该面面积的0.5%,不符合要求时,每超过0.5%减3分;深度超过10mm的必须处理。

3）混凝土表面出现非受力裂缝时减 1 ~ 3 分，裂缝宽度超过设计规定或设计未规定时超过 0.15mm 必须处理。

4）施工临时预埋件或其他临时设施未清除处理时减 1 ~ 2 分。

6.6.2　墩、台身安装

1. 墩、台身安装的基本要求

1）墩、台身预制件必须经检验合格后，方可进行安装。

2）墩、台柱埋入基座坑内的深度和砌块墩、台埋置深度必须符合设计规定。

2. 墩、台身安装的实测项目，见表 6.6.2。

墩、台身安装实测项目　　　　表 6.6.2

项次	检查项目	规定值或允许偏差	检查方法和频率	权值
1△	轴线偏位(mm)	10	全站仪或经纬仪:纵、横各测量 2 点	3
2	顶面高程(mm)	±10	水准仪:检查 4 ~ 8 处	2
3	倾斜度(mm)	0.3% 墩、台高，且不大于 20	吊垂线:检查 4 ~ 8 处	2
4	相邻墩、台柱间距	±15	尺量或全站仪:检查 3 处	1
5	节段间错台(mm)	3	尺量:每节检查 2 ~ 3 处	1

3. 墩、台身安装的外观鉴定

墩、台表面应平整，接缝应密实饱满，均匀整齐。不符合要求时减 1 ~ 3 分。

6.6.3　墩、台帽或盖梁

1. 墩、台帽或盖梁的基本要求

1）混凝土所用的水泥、砂、石、水、外掺剂及混合材料的质量和规格必须符合有关技术规范的要求，按规定的配合比施工。

2）不得出现露筋和空洞现象。

2. 墩、台帽或盖梁的实测项目，见表 6.6.3。

墩、台帽或盖梁实测项目　　　表 6.6.3

项次	检查项目	规定值或允许偏差	检查方法和频率	权值
1	混凝土强度（MPa）	在合格标准内	按"1.6"检查	3
2	断面尺寸(mm)	±20	尺量：检查 3 个断面	2
3△	轴线偏位(mm)	10	全站仪或经纬仪：纵、横各测量 2 点	2
4△	顶面高程(mm)	±10	水准仪：检查 3～5 点	2
5	支座垫石预留位置(mm)	10	尺量：每个	1

3. 墩、台帽或盖梁的外观鉴定

1）混凝土表面平整、光洁，棱角线平直。不符合要求时减 1～3 分。

2）墩、台帽和盖梁如出现蜂窝麻面，必须进行修整，并减 1～4 分。

3）墩、台帽和盖梁出现非受力裂缝时减 1～3 分，裂缝宽度超过设计规定或设计未规定时超过 0.15mm 必须处理。

6.6.4　拱桥组合桥台

1. 拱桥组合桥台的基本要求

1）地基强度必须满足设计要求。

2）组合桥台的各个组成部分，其接触面必须紧贴。

3）阻滑板不得断裂。

4）必须对组合桥台的位移、沉降、转动及各部分是否紧贴进行观测，提供观测数据。

5）拱桥台背填土必须在承受拱圈水平推力以前完成，并应控制填土进度，防止桥台出现过大的变位。

2. 拱桥组合桥台的实测项目

除按有关各节评定各组成部分自身的质量外，还需按本节评定其组合性能，见表 6.6.4。

拱桥组合桥台实测项目　　　　　表 6.6.4

项次	检查项目	规定值或允许偏差	检查方法和频率	权值
1	架设拱圈前，台后沉降完成量	设计值的85%以上	水准仪:测量台后上、下游两侧填土后至架设拱圈前高程差	2
2	台身后倾率	1/250	吊垂线:检查沉降缝分离值推算	2
3△	架设拱圈前台后填土完成量	90%以上	按填土状况推算，每台	3
4△	拱建成后桥台水平位移	在设计允许值内	全站仪或经纬仪:检查预埋测点，每台	3

3. 拱桥组合桥台的外观鉴定

1）各组成部分接触面不平整者，减 3~5 分。

2）各组成部分接近桥面的顶面如因沉降不同而有错台时减 3~5 分，错台大时必须整修。

6.6.5 台背填土

1. 台背填土的基本要求

1）台背填土应采用透水性材料或设计规定的填料，严禁采用腐殖土、盐渍土、淤泥、白垩土、硅藻土和冻土块。填料中不应含有机物、冰块、草皮、树根等杂物及生活垃圾。

2）必须分层填筑压实，每层表面平整，路拱合适。

3）台身强度达到设计强度的 75% 以上时，方可进行填土。

4）拱桥台背填土必须在承受拱圈水平推力以前完成。

5）台背填土的长度，不得小于规范规定，即台身顶面处不小于桥台高度加2m，底面不小于2m；拱桥台背填土长度不应小于台高的3~4倍。

2. 台背填土的实测项目

除台背填土压实度见表6.6.5外，其余按路基要求进行评定。

台背填土实测项目   表6.6.5

项次	检查项目	规定值或允许偏差			检查方法和频率	权值
1	压实度（%）	高速、一级公路	二级公路	三、四级公路	按"1.4"检查，每50m² 每压实层至少检查1点	1
		96	94	94		

3. 台背填土的外观鉴定

1）填土表面平整，边线直顺。不符合要求时，减1~3分。

2）边坡坡面平顺稳定，不得亏坡。曲线圆滑。不符合要求时，减1~5分。

6.7 梁 桥

6.7.1 预制和安装梁（板）

1. 预制和安装梁（板）的基本要求

1）所用的水泥、砂、石、水、外掺剂及混合材料的质量和规格必须符合有关规范的要求，按规定的配合比施工。

2）梁（板）不得出现露筋和空洞现象。

3）空心板采用胶囊施工时，应采取有效措施防止胶囊上浮。

4）梁（板）在吊移出预制底座时，混凝土的强度不得低于设计所要求的吊装强度；梁（板）在安装时，支承结构（墩台、盖梁、垫石）的强度应符合设计要求。

5）梁（板）安装前，墩、台支座垫板必须稳固。

6）梁（板）就位后，梁两端支座应对位，梁（板）底与支座以及支座底与垫石顶必须密贴，否则应重新安装。

7）两梁（板）之间接缝填充材料的规格和强度应符合设计要求。

2. 预制和安装梁（板）的实测项目，见表6.7.1-1和表6.7.1-2。

梁（板）预制实测项目　　　　表6.7.1-1

项次	检查项目			规定值或允许偏差	检查方法和频率	权值
1△	混凝土强度（MPa）			在合格标准内	按"1.6"检查	3
2	梁（板）长度（mm）			+15，-10	尺量：每梁（板）	1
3	宽度（mm）	干接缝（梁翼缘、板）		±10	尺量：检查3处	1
		湿接缝（梁翼缘、板）		±20		
		箱梁	顶宽	±30		
			底宽	±20		
4△	高度（mm）	梁、板		±5	尺量：检查2处	1
		箱梁		+0，-5		
5△	断面尺寸（mm）	顶板厚		+5，-0	尺量：检查3个断面	2
		底板厚				
		腹板或梁肋				
6	平整度（mm）			5	2m直尺：每侧面每梁长测1处	1
7	横系梁及预埋件位置（mm）			5	尺量：每件	1

梁（板）安装实测项目　　　　表6.7.1-2

项次	检查项目		规定值或允许偏差	检查方法和频率	权值
1△	支座中心偏位（mm）	梁	5	尺量：每孔抽查4～6个支座	3
		板	10		
2	倾斜度(%)		1.2	吊垂线：每孔检查3片梁	2
3	梁（板）顶面纵向高程(mm)		+8，-5	水准仪：抽查每孔2片，每片3点	2
4	相邻梁（板）顶面高差(mm)		8	尺量：每相邻梁（板）	1

注：板的安装按括号内的权值评定。

3. 预制和安装梁（板）的外观鉴定

1）混凝土表面平整，色泽一致，无明显施工接缝。不符合要求减1～3分。

2）混凝土表面不得出现蜂窝麻面，如出现必须修整，并减1～4分。

3）混凝土表面出现非受力裂缝，减1～3分。裂缝宽度超过设计规定或设计未规定时超过0.15mm必须处理。

4）封锚混凝土应密实、平整，不符合要求时减2～4分。

5）梁、板的填缝应平整密实，不符合要求时减1～3分。

6.7.2 就地浇筑梁（板）

1. 就地浇筑梁（板）的基本要求

1）所用的水泥、砂、石、水、外掺剂及混合材料的质量和规格必须符合有关规范要求，按规定的配合比施工。

2）支架和模板的强度、刚度、稳定性应满足施工技术规范的要求。

3）预计的支架变形及地基的下沉量应满足施工后梁体

设计标高的要求，必要时应采取对支架预压的措施。

4）梁（板）体不得出现露筋和空洞现象。

5）预埋件的设置和固定应满足设计和施工技术规范的规定。

2. 就地浇筑梁（板）的实测项目，见表6.7.2。

就地浇筑梁（板）实测项目　　表6.7.2

项次	检查项目		规定值或允许偏差	检查方法和频率	权值
1△	混凝土强度（MPa）		在合格标准内	按"1.6"检查	3
2△	轴线偏位（mm）		10	全站仪或经纬仪:测量3处	2
3	梁（板）顶面高程		±10	水准仪:检查3~5处	1
4△	断面尺寸	高度	+5, −10	尺量:检查3个断面	2
		顶宽	±30		
		箱梁底宽	±20		
		顶、底、腹板或梁肋厚	+5, −0		
5	长度（mm）		+5, −10	尺量:每梁（板）	1
6	横坡（%）		±0.15	水准仪:每跨检查1~3处	1
7	平整度（mm）		8	2m 直尺:每侧面每10m梁长测1处	1

3. 就地浇筑梁（板）的外观鉴定

1）混凝土表面平整，色泽一致，无明显施工接缝。不符合要求时每处减1~3分。

2）混凝土不得出现蜂窝麻面，如出现必须修整，并减1~4分。

3）混凝土表面出现非受力裂缝，减1~3分，裂缝宽度超过设计规定或设计未规定时超过 0.15mm 必须处理。

6.7.3 顶推施工梁

1. 顶推施工梁的基本要求

1）台座和滑道组的中线必须在桥轴线或其延长线上。

2）导梁应在地面试装后，再在台座上安装，导梁与梁身必须牢固连接。

3）千斤顶及其他顶推设备在施工前应仔细检查校正，多点顶推必须确保同步。

4）顶推过程中，要设专人观测墩台沉降、墩台位移及梁的偏位、导梁和梁挠度等资料，提供观测数据。

5）顶推及落梁程序正确。若梁体出现裂缝应查明原因，在采取措施后，方可继续顶推。

2. 顶推施工梁的实测项目，见表 6.7.3。

顶推施工梁实测项目   表 6.7.3

项次	检查项目		规定值或允许偏差	检查方法和频率	权值
1	轴线偏位(mm)		10	全站仪或经纬仪:每段检查2处	2
2△	落梁反力		符合设计要求,设计无要求时不大于 1.1 倍的设计反力	用千斤顶油压计算:检查全部	3
3△	支点高差（mm）	相邻纵向支点	符合设计规定,设计无规定时不大于5	水准仪:检查全部	3
		同墩两侧支点	符合设计规定,设计无规定时不大于2		

3. 顶推施工梁的外观鉴定

各梁段连接线形平顺，接缝平整、密实色泽一致。不符合要求时减 1~3 分。

6.7.4 悬臂施工梁

1. 悬臂施工梁的基本要求

1）悬臂浇筑或合龙段浇筑所用的砂、石、水泥、水、外掺剂及混合材料的质量和规格必须符合有关规范要求，按规定的配合比施工。

2）悬拼或悬浇块件前，必须对桥墩根部（0 号块件）的高程、桥轴线作详细复核，符合设计要求后，方可进行悬拼或悬浇。

3）悬臂施工必须对称进行，应对轴线和高程进行施工控制。

4）在施工过程中，梁体不得出现宽度超过设计规范规定的受力裂缝。一旦出现，必须查明原因，经过处理后方可继续施工。

5）必须确保悬浇或悬拼的接头质量。

6）悬臂合龙时，两侧梁体的高差应在设计允许范围内。

2. 悬臂施工梁的实测项目，见表 6.7.4-1 和表 6.7.4-2。

悬臂浇筑梁实测项目 表 6.7.4-1

项次	检查项目		规定值或允许偏差	检查方法和频率	权值
1△	混凝土强度（MPa）		在合格标准内	按"1.6"检查	3
2△	轴线偏位（mm）	$L \leqslant 100m$	10	全站仪或经纬仪：每个节段检查 2 处	2
		$L > 100m$	$L/10000$		
3	顶面高程（mm）	$L \leqslant 100m$	± 20	水准仪：每个节段检查 2 处	2
		$L > 100m$	$\pm L/5000$		
		相邻节段高差	10	尺量：检查 3~5 处	1

99

项次	检查项目		规定值或允许偏差	检查方法和频率	权值
4△	断面尺寸（mm）	高度	+5, −10	尺量:每个节段检查1个断面	2
		顶宽	±30		
		底宽	±20		
		顶底腹板厚	+10, −0		
5	合龙后同跨对称点高程差(mm)	L≤100m	20	水准仪:每跨检查5~7处	1
		L>100m	L/5000		
6	横坡(%)		±0.15	水准仪:每节段检查1~2处	1
7	平整度(mm)		8	2m直尺:检查竖直、水平两个方向,每侧面每10m梁长测1处	1

注: L为梁跨径。

悬臂拼装梁实测项目   表6.7.4-2

项次	检查项目		规定值或允许偏差	检查方法和频率	权值
1△	混凝土强度(MPa)		在合格标准内	按"1.6"检查	3
2△	轴线偏位（mm）	L≤100m	10	全站仪或经纬仪:每个节段检查2处	2
		L>100m	L/10000		
3	顶面高程（mm）	L≤100m	±20	水准仪:每个节段检查2处	2
		L>100m	±L/5000		
		相邻节段高差	10	尺量:检查3~5处	
4	合龙后同跨对称点高程差(mm)	L≤100m	20	水准仪:每跨检查5~7	1
		L>100m	L/5000		

注: 1. L为梁跨径。

2. 非合龙段项次1不参与评定。

3. 外观鉴定

1）线形平顺，梁顶面平整，各孔无明显折变。不符合要求时减 1~3 分。

2）相邻块件颜色一致，接缝平整密实，无明显错台。每孔出现 2 处及以上明显错台（≥3mm）时，减 2 分。

4. 悬臂施工梁的外观鉴定

1）线形平顺，梁顶面平整，各孔无明显折变，不符合要求时减 1~3 分。

2）相邻块件色泽一致，接缝平整密实，无明显错台。每孔出现两处及以上明显错台（≥3mm）时，减 2 分。

3）混凝土表面不得出现蜂窝麻面，如出现必须进行修整，并减 1~4 分。

4）梁体出现非受力裂缝，减 1~3 分。裂缝宽度超过设计规定或设计未规定时超过 0.15mm 必须处理。

5）梁体内外不应遗留建筑垃圾、杂物、临时预埋件等。不符合要求时减 1~3 分并应清理干净。

6.7.5 转体施工梁

1. 转体施工梁的基本要求

1）转动设施和锚固体系必须经过严格检查，安全可靠。

2）采用双侧对称同步转体施工时，必须设位控体系，严格控制两侧同步，使误差控制在设计允许的范围内。

3）上部构造在转体施工中，若出现裂缝，应查明原因，采取措施后方可继续转体。

4）合龙段两侧高差必须在设计规定的允许范围内。

2. 转体施工梁的实测项目，见表 6.7.5。

3. 转体施工梁的外观鉴定

1）合龙段混凝土应平整密实，色泽一致。不符合要求时减 1~3 分。

2）梁体内外不应遗留建筑垃圾、杂物、临时预埋件等。不符合要求时减 1~3 分并应清理干净。

转体施工梁实测项目

表 6.7.5

项次	检查项目	规定值或允许偏差	检查方法和频率	权值
1△	封闭转盘和合龙段混凝土强度（MPa）	在合格标准内	按"1.6"检查	3
2△	轴线偏位（mm）	跨径/1000	全站仪或经纬仪：检查5处	2
3	跨中梁顶面高程（mm）	±20	水准仪：检查2个断面，每断面3处	2
4	同一横断面两侧或相邻上部构件高差（mm）	10	水准仪：检查4个断面	1

6.8 拱 桥

6.8.1 就地浇筑拱圈

1. 就地浇筑拱圈的基本要求

1）混凝土所用的水泥、砂、石、水和外掺剂的质量和规格，必须符合有关规范的要求，按规定的配合比施工。

2）支架式拱架必须严格按照施工技术规范的要求进行制作，必须牢固稳定。

3）拱圈的浇筑必须严格按照设计规定的施工顺序进行。

4）拱架的卸落必须按照设计和有关规范规定的卸架顺序进行。

5）不得出现露筋和空洞现象。

2. 就地浇筑拱圈的实测项目，见表 6.8.1。

项次	检 查 项 目		规定值或允许偏差	检查方法和频率	权值
1△	混凝土强度（MPa）		在合格标准内	按"1.6"检查	3
2	轴线偏位（mm）	板拱	10	经纬仪：测量 5 处	1
		肋拱	5		
3△	内弧线偏离设计弧	跨径≤30m	±20	水准仪：检查 5 处	2
		跨径>30m	±跨径/1500		
4△	断面尺寸（mm）	高度	±5	尺量：拱脚、L/4，拱顶 5 个断面	2
		顶、底、腹板	+10，-0		
5	拱宽（mm）	板拱	±20	尺量：拱脚、L/4，拱顶 5 个断面	1
		肋拱	±10		
6	拱肋间距（mm）		5	尺量：检查 5 处	1

3. 就地浇筑拱圈的外观鉴定

1）混凝土表面平整，线形圆顺，色泽一致。不符合要求时减 1~3 分。

2）混凝土麻面面积不得超过该面积的 0.5%。不符合要求时，每超过 0.5% 减 3 分，深度超过 1cm 的必须处理。

3）混凝土表面出现非受力裂缝减 1~3 分。裂缝宽度超过设计规定或设计未规定时超过 0.15mm 必须进行。

6.8.2 拱圈节段的预制

1. 拱圈节段预制的基本要求

1）混凝土所用的水泥、砂、石、水和外掺剂的质量和规格，必须符合有关规范的规定，按照规定的配合比施工。

2）不得出现露筋和空洞现象。

2. 拱圈节段预制的实测项目见表 6.8.2-1 及表 6.8.2-2。

预制拱圈节段实测项

表 6.8.2-1

项次	检查项目		规定值或允许偏差	检查方法和频率	权值
1△	混凝土强度（MPa）		在合格标准内	按"1.6"检查	3
2	每段拱箱内弧长（mm）		+0，−10	尺量：每段	1
3△	内弧偏离设计弧线（mm）		±5	样板：每段测1~3点	2
4△	断面尺寸（mm）	顶底腹板厚	+10，−0	尺量：检查2处	2
		宽度及高度	+10，−5		
5	平面度（mm）	肋拱	5	拉线用尺量：每段测	1
		箱拱	10		
6	拱箱接头倾斜（mm）		±5	角尺：每接头	1
7	预埋件位置（mm）	肋拱	5	尺量：每件	1
		箱拱	10		

桁架拱杆件预制实测项目

表 6.8.2-2

项次	检查项目	规定值或允许偏差	检查方法和频率	权值
1△	混凝土强度（MPa）	在合格标准内	按"1.6"检查	3
2△	断面尺寸（mm）	±5	尺量：检查2处	2
3	杆件长度（mm）	±10	尺量：检查2处	1
4	杆件旁弯（mm）	5	拉线用尺量：每件	1
5	预埋件位置（mm）	5	尺量：每件	1

注：若成批生产，每批抽查25%。

3. 拱圈节段预制的外观鉴定

同本章6.8.1就地浇筑拱圈条3。

6.8.3 拱的安装

1. 拱的安装基本要求

1）拱桥安装必须严格按设计规定的程序进行施工。

2）拱段接头采用现浇混凝土时，必须确保其强度和质量并在达到设计规定强度或 70% 后，方可进行拱上建筑的施工。

3）安装过程中，如杆件或节点出现开裂，应查明原因，采取措施后，方可继续进行。

4）合龙段两侧高差必须在设计规定的允许范围内。

2. 拱的安装实测项目见表 6.8.3-1 至表 6.8.3-3。

主拱圈安装实测项目　　　　　　　表 6.8.3-1

项次	检查项目		规定值或允许偏差		检查方法和频率	权值
1△	轴线偏位（mm）	L≤60m	10		经纬仪：检查5处	2
		L＞60m	L/6000			
2△	拱圈标高（mm）	L≤60m	±20		水准仪：检查5~7点	3
		L＞60m	±L/3000			
3△	对称接头点相对高差（mm）	允许	L≤60m	20	水准仪：检查每段	2
			L＞60m	L/3000		
4	同跨各拱肋相对高差（mm）	极值	允许偏差的2倍且反向		水准仪：检查5处	1
		L≤60m	20			
		L＞60m	L/3000			
5	同跨各拱肋间距（mm）	30			尺量：检查5处	1

注：1. 正拱斜置时，项次 3 为两对称接头点（实际高程—设计高程）之差。

　　2. L 为跨径。

3. 拱的安装外观鉴定

1）接头处无因焊接或局部受力造成的混凝土开裂、缺损或露筋现象。不符合要求时减 3~5 分，并进行整修。

　　　　表 6.8.3-2

项次	检 查 项 目		规定值或允许偏差		检查方法和频率	权值
1△	轴线偏位 （mm）	$L \leqslant 60$m	10		经纬仪：检查 5 处	2
		$L > 60$m	$L/6000$			
2△	节点混凝土强度（MPa）		在合格标准内		按"1.6"检查	3
3△	拱圈标高 （mm）	$L \leqslant 60$m	±20		水准仪：每肋每 跨检查 5 处	2
		$L > 60$m	±$L/3000$			
4	相邻拱片高差（mm）		20		水准仪：每跨检 查 5 处	1
5△	对称接头点相对高差（mm）	允许	$L \leqslant 60$m	20	水准仪：检查每段	2
			$L > 60$m	$L/3000$		
		极值	允许偏差的 2 倍且反向			
6	拱片竖向垂直度（mm）		1/300 高度，不大于 20		吊垂线：每片检 查 2 处	1

注：L 为跨径。

　　　　表 6.8.3-3

项次	检 查 项 目	规定值或允许偏差	检查方法和频率	权值
1	轴线偏位（mm）	10	经纬仪：纵、横各检查 2 处	1
2	起拱线高程（mm）	±20	水准仪：每起拱线测 2 点	2
3	相邻块件高差（mm）	5	尺量：每相邻块件检查 1~3 处	2

　　2）接头垫塞楔形钢板应均匀合理，不符合要求时减 1~
3 分。

　　3）节点应平整，接头两侧的杆件应无错台。不符合要求时减 1~3 分。

4）上下弦杆线形顺畅，表面平整。不符合要求时减1~3分。

6.8.4 转体施工拱

1. 转体施工拱的基本要求

1）转动设施和锚固体系必须经过严格检查，安全可靠。

2）采用双侧对称同步转体施工时，必须设位控制系，严格控制两侧同步，使误差控制在设计允许的范围内。

3）上部构造在转体施工中如出现裂缝，应查明原因，采取措施后方可继续转体施工。

2. 转体施工拱的实测项目，见表6.8.4。

转体施工拱实测项目   表6.8.4

项次	检查项目	规定值或允许偏差	检查方法和频率	权值
1△	封闭转盘和合龙段混凝土强度（MPa）	在合格标准内	按"1.6"检查	3
2	轴线偏位（mm）	跨径/6000	经纬仪：检查5处	2
3△	跨中拱顶面高程（mm）	±20	水准仪：检查拱顶2~4处	2
4	同一横截面两侧或相邻上部构件高差（mm）	10	水准仪：检查5处	2

3. 转体施工拱的外观鉴定

合龙段混凝土平整密实，色泽一致。不符合要求时减1~3分。

6.8.5 劲性骨架混凝土拱

1. 劲性骨架混凝土拱的基本要求

1）混凝土所用的水泥、砂、石、水和外掺剂的质量和规格，必须符合有关规范的规定，按照规定的配合比施工。

2）骨架应按设计要求的钢种、型号及线形精心加工，骨架接头处要在吊装以前进行试拼，以便吊装后骨架迅速成拱。

3）杆件在施工中，如出现开裂或局部构件失稳，应查明原因，采取措施后，方可继续施工。

4）吊装骨架应平衡下落，减少骨架变形。浇筑前应校核骨架，进行必要的调整。

5）混凝土的浇筑应分层对称地按设计规定的顺序进行，无空洞和露筋现象，并严格按设计要求，采取措施以保证骨架的稳定。

6）浇筑混凝土过程中，应加强观测，严格控制轴线，防止累积误差超出允许范围。

2. 劲性骨架混凝土拱的实测项目，见表 6.8.5-1 至表 6.8.5-3。

劲性骨架加工实测项目　　　　　　　表 6.8.5-1

项次	检查项目	规定值或允许偏差	检查方法和频率	权值
1	杆件截面尺寸（mm）	不小于设计	尺量：每段 2 端面	2
2	骨架高、宽（mm）	±10	尺量：每段 3～5 断面	2
3△	内弧偏离设计弧线（mm）	10	样板：每段测 1～3 点	3
4	每段的弧长（mm）	+10，-10	尺量：每段检查	2
5	焊　缝	符合设计要求	超声：检查全部	3

劲性骨架安装实测项目　　表 6.8.5-2

项次	检查项目		规定值或允许偏差	检查方法和频率	权值
1	轴线偏位（mm）		$L/6000$	经纬仪：每肋检查5处	1
2△	高程（mm）		$\pm L/3000$	水准仪：检查拱顶、拱脚及各接头点	2
3△	对称点相对高差（mm）	允许	$L/3000$	水准仪：检查各接头点	2
		极值	$L/1500$，且反向		
4△	焊　缝		符合设计要求	超声：检查全部	2

注：L为跨径。

劲性骨架拱混凝土浇筑实测项目　　表 6.8.5-3

项次	检查项目		规定值或允许偏差	检查方法和频率	权值
1△	混凝土强度（MPa）		在合格标准内	按"1.6"检查	3
2	轴线偏位（mm）	$L \leqslant 60m$	10	经纬仪：每肋检查5点	1
		$L = 200m$	50		
		$L > 200m$	$L/4000$		
3△	拱圈标高（mm）		$\pm L/3000$	水准仪：测量5处	2
4△	对称点相对高差（mm）	允许	$L/3000$	水准仪：测量5处	2
		极值	$L/1500$，且反向		
5△	断面尺寸（mm）		± 10	尺量：检查5处	2

注：1. L为跨径。

2. L在60~200m间时，轴线偏位允许偏差内插。

3. 劲性骨架混凝土拱的外观鉴定

1）骨架曲线圆滑；无折弯，不符合要求时减2~4分。

2）焊缝外形均匀，成形良好，焊渣和飞溅物清除干净。不符合要求时每处减0.5~1分。

109

3）混凝土表面平整密实，色泽一致，轮廓线圆顺。不符合要求时减 1~3 分。

4）蜂窝麻面面积不得超过该面面积的 0.5%，不符合要求时，每超过 0.5% 减 3 分；深度超过 10mm 的必须处理。

6.8.6 钢管混凝土拱

1. 钢管混凝土拱的基本要求

1）使用的钢材和其他材料，应符合规范和设计的要求。

2）钢管的加工和拼接，应按施工规范有关钢桥制作的规定施工。

3）钢管拱肋节段，必须经检验合格后方可安装。

4）钢管拱在安装过程中，必须加强横向稳定措施，扣挂系统应符合设计和规范要求。

5）管内混凝土应采用泵送顶升压注施工，由拱脚至拱顶对称均衡地一次压注完成。

6）钢管混凝土应具有低泡、大流动、收缩补偿、延后初凝的性能。管内混凝土的浇筑应严格按设计要求进行，并对混凝土的质量进行检测。

7）钢管的防护应符合设计要求。

2. 钢管混凝土拱的实测项目

实测项目见表 6.8.6-1 至表 6.8.6-3。

钢管拱肋制作实测项目　　　　　表 6.8.6-1

项次	检查项目	规定值或允许偏差	检查方法和频率	权值
1△	钢管直径（mm）	$\pm D/500$ 及 ±5	尺量：每段检查 3~5 处	3
2	钢管中距（mm）	±5	尺量：每段检查 3~5 处	1
3△	内弧偏离设计弧线（mm）	8	样板：每段测 1~3 点	2

项次	检查项目	规定值或允许偏差	检查方法和频率	权值
4	每段拱肋内弧长（mm）	+0，-10	尺量：每段检查	1
5△	节段对接错边（mm）	2	尺量：检查每对接断面	2
6	节段平面度（mm）	3	拉线测量：每段检查一处	1
7	竖杆节间长度（mm）	±2	尺量：检查每个节间	1
8△	焊缝尺寸	符合设计要求	量规：检查全部	2
	焊缝探伤		超声：检查全部 射线：按设计规定，设计无规定时按5%抽查	3

注：D 为钢管直径。

钢管拱肋安装实测项目　　表6.8.6-2

项次	检查项目		规定值或允许偏差	检查方法和频率	权值
1	轴线偏位（mm）		$L/6000$	经纬仪：检查5处	1
2△	拱圈高程（mm）		±$L/3000$	水准仪：检查5处	2
3△	对称点高差（mm）	允许	$L/3000$	水准仪：检查各接头点	2
		极值	$L/1500$，且反向		
4	拱肋接缝错边（mm）		0.2壁厚，且≤2	尺量：每个接缝	2
5△	焊缝尺寸		符合设计要求	量规：检查全部	2
	焊缝探伤			超声：检查全部 射线：按设计规定，设计无规定时按5%抽查	3

注：L 为跨径。

项次	检 查 项 目		规定值或允许偏差	检查方法和频率	权值
1△	混凝土强度（MPa）		在合格标准内	按"1.6"检查	3
2	轴线偏位（mm）	$L \leqslant 60m$	10	经纬仪：每肋检查 5 点	2
		$L = 200m$	50		
		$L > 200m$	$L/4000$		
3△	拱圈标高（mm）		$\pm L/3000$	水准仪：测量 5 处	2
4△	对称点相对高差（mm）	允许	$L/3000$	水准仪：检查各接头点	2
		极值	$L/1500$，且反向		

注：1. L 为跨径。

2. L 在 60～200m 间时，轴线偏位允许偏差内插。

3. 钢管混凝土拱的外观鉴定

1）线形圆顺，无折弯。不符合要求时减 2～4 分。

2）焊缝均不得有裂纹、未熔合、夹渣、未填满弧坑和焊瘤等缺陷，且焊缝外形均匀，成形良好，焊缝与焊缝之间、焊缝与金属之间过渡光滑，焊渣和飞溅物清除干净。不符合要求时必须重新整修，达到合格，并减 1～3 分。

3）浇筑混凝土的预留孔应焊接平整光滑，不突出与漏焊，不烧伤混凝土。不符合要求时减 1～3 分。

6.8.7 中下承式拱吊杆和柔性系杆

1. 中下承式拱吊杆和柔性系杆的基本要求

1）吊杆、系杆及锚具材料规格和各项技术性能必须符合国家现行标准规定和设计要求。

2）锚垫板平面须与孔道轴线垂直。

3）吊杆、系杆防护必须符合设计和规范要求。

4）严格按设计规定程序进行施工。

2. 中下承式拱吊杆和柔性系杆的实测项目，见表6.8.7-1和表6.8.7-2。

吊杆的制作与安装实测项目 表6.8.7-1

项次	检查项目		规定值或允许偏差	检查方法和频率	权值
1	吊杆长度（mm）		±0.001L 及 ±10	用钢尺量	1
2△	吊杆拉力	允许	符合设计要求	测力仪：每吊杆检查	3
		极值	下承式拱吊杆拉力偏差20%		
3	吊点位置（mm）		10	经纬仪：每吊点检查	1
4△	吊点高程（mm）	高程	±10	水准仪：每吊点检查	2
		两侧高差	20		

注：L为吊杆长度。

柔性系杆实测项目 表6.8.7-2

项次	检查项目	规定值或允许偏差	检查方法和频率	权值
1△	张拉应力（MPa）	符合设计要求	查油压表读数：每根检查	3
2△	张拉伸长率（%）	符合设计要求，设计无要求时±6	尺量：每根检查	3

3. 中下承式拱吊杆和柔性系杆的外观鉴定

1）吊杆、系杆顺直，无扭转现象。不符合要求时减3～5分。

2）防护层完好，无破损现象。不符合要求时减1～3分，必要时应加以修整。

6.8.8 刚性系杆

刚性系杆混凝土构件按照第 6.7 节梁桥的有关规定评定,系杆张拉按照本章中下承式拱吊杆和柔性系杆的评定。

6.9 钢 桥

6.9.1 钢梁制作

1. 钢梁制作的基本要求

1)钢梁(梁段)采用的钢材和焊接材料的品种规格、化学成分及力学性能必须符合设计和有关技术规范的要求,具有完整的出厂质量合格证明,并经制作厂家和监理工程师复检合格后方可使用。

2)钢梁(梁段)元件、临时吊点和养护车轨道吊点等的加工尺寸和钢梁(梁段)预拼装精度应符合设计和有关技术规范的要求,并经监理工程师分阶段检查验收签字认可后,方可进行下一道工序。

3)钢梁(梁段)制作前必须进行焊接工艺评定试验,评定结果应符合技术规范的要求并经监理工程师签字认可,制定实施性焊接施工工艺。施焊人员必须具有相应的焊接资格证和上岗证。

4)同一部位的焊缝返修不能超过两次,返修后的焊缝应按原质量标准进行复验,并且合格。

5)高强螺栓连接摩擦面的抗滑移系数应进行检验,检验结果须符合设计要求。

6)钢梁梁段必须进行试组装,并按设计和有关技术规范要求进行验收。工地安装施工人员应参加试组装及验收。验收合格后填发梁段产品合格证,方可出厂安装。

7）钢梁（梁段）元件和钢梁（梁段）的存放，应防止变形、碰撞损伤和损坏漆面，不得采用变形元件。

8）排水设施、灯座、护栏、路缘石、栏杆柱预埋件和剪力键等均应按设计图纸安装完成，无遗漏且位置准确。

2. 钢梁制作的实测项目，见表6.9.1-1至表6.9.1-3。

钢板梁制作实测项目　　　　表6.9.1-1

项次	检 查 项 目		规定值或允许偏差	检查方法和频率	权值
1△	梁高 （mm）	主梁≤2m	±2	尺量：检查两端腹板处高度	2
		主梁>2m	±4		
		横梁	±1.5		
			±1.0		
2	跨度（mm）		±8	全站仪或尺量：测量两支座中心距离	1
3	梁长 （mm）	全长	±15	全站仪或钢尺量：中心线处	1
		纵梁	+0.5，−1.5	尺量：检查两端角钢背与背之间的距离	1
		横梁	±1.5		
4	纵、横梁旁弯（mm）		3	梁立置时在腹板一侧距主焊缝100mm处拉线测量：检查中部1处	1
5	拱度 （mm）	主梁	+3，0	梁卧置时在下盖板外侧拉线测量：检查中部1处	1
			+10，−3		
		两片主梁拱度差	4	分别测量两片主梁拱度，求差值	
6	平面度 （mm）	主梁腹板	<s/350，且≤8	平尺或拉线：测量中部1处	1
		纵、横梁腹	s/500，且≤5		

项次	检查项目		规定值或允许偏差	检查方法和频率	权值
7	主梁、纵横梁盖板对腹板的垂直度（mm）	有孔部位	0.5	角尺：测量 3~5 处	1
		其余部位	1.5		
8△	连接	焊缝尺寸	符合设计要求	量规：检查全部	2
		焊缝探伤		超声：检查全部 射线：按设计规定，设计无规定时按 10% 抽查	3
		高强螺栓扭矩	±10%	测力扳手：检查 5%，且不少于 2 个	

注：s 为加劲肋与加劲肋之间的距离。

钢桁节段制作实测项目　　　　表 6.9.1-2

项次	检查项目		规定值或允许偏差	检查方法和频率	权值
1	节段长度（mm）		±5	尺量：每节段检查 4~6 处	2
2	节段高度（mm）		±2	尺量：每节段检查 4 处	2
3	节段宽度（mm）		±3	尺量：每节段检查 4 处	2
4	节间长度（mm）		±2	尺量：检查每个节间	1
	对角线长度（mm）		±3		
5	桁片平面度（mm）		3	拉线测量：每节段检查 1 处	1
6	拱度（mm）		±3	拉线测量：每节段检查 1 处	1
7△	连接	焊缝尺寸	符合设计要求	量规：检查全部	2
		焊缝探伤		超声：检查全部 射线：按设计规定，设计无规定时按10%抽查	3
		高强螺栓扭矩	±100%	测力扳手：检查 5%，且不少于 2 个	

表 6.9.1-3

钢箱梁制作实测项目

项次	检查项目		规定值或允许偏差	检查方法和频率	权值
1△	梁高 h（mm）	h≤2m	±2	尺量：检查两端腹板处高度	2
		h>2m	±4		
2	跨度 L（mm）		±（5+0.15L）	全站仪或钢尺：测两支座中心距离	1
3	全长（mm）		±15	全站仪或钢尺	1
4△	腹板中心距（mm）		±3	尺量：检查两腹板中心距	2
5	盖板宽度（mm）		±4	尺量：检查两端断面	1
6	横断面对角线差（mm）		4	尺量：检查两端断面	1
7	旁弯（mm）		3+0.1L	拉线用尺量：检查跨中	1
8	拱度（mm）		+10，−5	拉线用尺量：检查跨中	1
9	腹板平面度（mm）		且≤8	平尺或拉线：检查跨中	1
10	扭曲（mm）		每米≤1，且每段≤10	置于平台，四角中有三角接触平台，用尺量另一角与平台间隙	1
11△	连接	焊缝尺寸		量规：检查全部	2
		焊缝探伤	符合设计要求	超声：检查全部 射线：按设计规定，设计无规定时按10%抽查	3
		高强螺栓扭矩	±10%	测力扳手：检查5%，且不少于2个	

注：1. L 以 m 计。

2. s 为加劲肋与加劲肋之间的距离。

3. 钢梁制作的外观鉴定

1）钢箱梁内外表面不得有凹陷、划痕、焊疤、电弧擦伤等缺陷，外露边缘应无毛刺。不符合要求时，每处减 0.5~1 分，并应修整。

2）焊缝均应平滑，无裂纹、未熔合、夹渣、未填满弧坑、焊瘤等外观缺陷，预焊件的装焊符合设计要求。发现不合格时，每处减 0.5~2 分，并须处理。

6.9.2 钢梁防护

1. 钢梁防护的基本要求

1）防护涂装材料的品种、规格、技术性能指标必须符合设计和技术规范的要求，具有完整的出厂质量合格证明书，并经防护涂装施工单位和监理工程师复检合格后方可使用。

2）采用的涂敷系统应进行车间和现场的工艺试验，其结果须得到监理工程师签字认可后方可正式施工。

3）涂装过程中的环境条件、每层涂装时间间隔以及使用的机具设备等均应满足涂装施工工艺和涂料说明书的要求。在完成前一道涂敷后；其干膜厚度须经监理工程师检验合格，方可进行下一道涂敷。

4）涂装干膜厚度应达到规定值，检测点的漆膜厚度合格率须符合设计要求。

5）由运输等造成的防护涂装损坏必须修复。

2. 钢梁防护的实测项目见表 6.9.2。

3. 钢梁防护的外观鉴定

1）涂层表面完整光洁，均匀一致，无破损、气泡、裂纹、针孔、凹陷、麻点、流挂和皱皮等缺陷。不符合要求时，每处减 0.5~1 分。

钢梁防护涂装实测项目 表 6.9.2

项次	检查项目		规定值或允许偏差	检查方法和频率	权值
1△	除锈清洁度		符合设计规定，设计未规定时 Sa2.5（St3）	比照板目测：100%	3
2△	粗糙度（μm）	外表面	70~100	按设计规定检查。设计未规定时，用粗糙度仪检查，每段检查 6 点，取平均值	2
		内表面	40~80		
3	总干膜厚度（μm）		符合设计要求	漆膜测厚仪检查	1
4	附着力（MPa）		符合设计要求	划格或拉力试验：按设计规定频率检查	1

注：项次 3 的检查频率按设计规定执行。无规定时，每 $10m^2$ 测 3~5 个点，每个点附近测 3 次，取平均值，每个点的量测值如小于设计值应加涂一层涂料。每涂完一层后，必须检测干膜总厚度。

2）涂后的漆膜颜色一致，不符合要求时减 1~2 分。

6.9.3 钢梁安装

1. 钢梁安装的基本要求

1）所使用的焊接材料和紧固件必须符合设计和技术规范的要求。

2）应按设计规定的程序进行安装。

3）工地安装焊缝应事先进行焊接工艺评定试验，施焊应按监理工程师批准的焊接工艺方案进行。施焊人员必须具有相应的焊接资格证和上岗证。

4）按设计和有关技术规范要求进行焊缝探伤检验，检验结果应合格。同一部位的焊缝返修不能超过两次，返修后的焊缝应按原质量标准进行复验，并且合格。

5）高强螺栓连接摩擦面的抗滑移系数应对随梁发送的

119

试板进行检验，检验结果须符合设计要求。

6）钢梁运输、吊装过程中应采取可靠措施防止构件变形、碰撞或损坏漆面，严禁在工地安装具有变形构件的钢梁。

2. 钢梁安装的实测项目，见表 6.9.3。

钢梁安装实测项目   表 6.9.3

项次	检查项目		规定值或允许偏差	检查方法和频率	权值
1	钢梁中线（mm）	轴线中线	10	经纬仪：测量2处	2
		两孔相邻横梁中线相对偏位	5		
2	梁底高程（mm）	墩台处梁底	±10	水准仪：每支座1处，每横梁2处	2
		两孔相邻横梁相对高差	5		
3△	连接	焊缝尺寸	符合设计要求	量规：检查全部	2
		焊缝探伤		超声：检查全部射线：按设计规定，设计无规定时按10%抽查	3
		高强螺栓扭矩	±10%	测力扳手：检查5%，且不少于2个	

3. 外观鉴定

1）线形平顺，无明显折变，不符合要求时减 1～3 分。

2）焊缝均应平滑，无裂纹、未熔合、夹渣、未填满弧坑、焊瘤等外观缺陷。发现不合格时，每处减 0.5～2 分，并须处理。

6.10 斜 拉 桥

6.10.1 混凝土索塔

1. 混凝土索塔的基本要求

1）混凝土所用的水泥、砂、石、水、外掺剂及混合材料的质量和规格必须符合有关规范的要求，按规定的配合比施工。

2）索塔的索道孔、锚箱位置及锚箱锚固面与水平面的交角均应控制准确，锚垫板与孔道必须互相垂直。

3）分段浇筑时段与段间不得有错台。

4）不得出现露筋和空洞现象。

5）横梁施工中，不得因支架变形、温度或预应力而出现裂缝，横梁与塔柱紧密连成整体。

2. 混凝土索塔的实测项目，塔柱见表 6.10.1-1，横梁见表 6.10.1-2。

斜拉桥塔柱段实测项目   表 6.10.1-1

项次	检查项目	规定值或允许偏差	检查方法和频率	权值
1△	砂浆强度（MPa）	在合格标准内	按"1.6"检查	3
2	塔柱底偏位（mm）	10	经纬仪或全站仪：纵横各检查 2 点	1
3△	倾斜度（mm）	符合设计规定，设计未规定时按 1/3000 塔高，且不大于 30	经纬仪或全站仪：纵横各检查 2 点	2
4	外轮廓尺寸（mm）	±20	尺量：每段检查 3 个断面	1

项次	检 查 项 目	规定值或允许偏差	检查方法和频率	权值
5	壁厚（mm）	±5	尺量：每段每侧面检查1处	1
6	锚固点高程（mm）	±10	水准仪或全站仪：每锚固点	1
7△	孔道位置（mm）	10，且两端同向	尺量：每孔道	2
8	预埋件位置（mm）	5	尺量：每件	1

横梁实测项目 表 6.10.1-2

项次	检 查 项 目	规定值或允许偏差	检查方法和频率	权值
1△	砂浆强度（MPa）	在合格标准内	按"1.6"检查	3
2	轴线偏位（mm）	10	经纬仪：每梁检查5处	1
3	外轮廓尺寸（mm）	±0.5	尺量：检查3~5断面	1
4	壁厚（mm）	5	尺量：每侧面检查1处，检查3~5断面	1
5	顶面高程（mm）	±10	水准仪：检查5处	1

3. 混凝土索塔的外观鉴定

1）混凝土表面平整，色泽一致，轮廓线顺直。不符合要求时减 1~3 分。

2）混凝土表面不得出现蜂窝、麻面，如出现必须修整完好，并减 1~4 分。

3）混凝土表面出现非受力裂缝肘减 1~3 分。裂缝宽度超过设计规定或设计未规定时超过 0.15mm 必须处理。

4）施工临时预埋件或其他临时设施未清除处理时减 1~

2 分。

6.10.2 平行钢丝斜拉索制作与防护

1. 平行钢丝斜拉索制作与防护的基本要求

1）镀锌钢丝、锚头锻钢材料的各项技术性能必须符合设计要求。

2）钢丝必须梳理顺直，热挤时平行钢丝束的扭转角度应满足技术规范要求。

3）热挤防护采用的高密度聚乙烯材料的技术性能应符合设计要求。防护处理的程序、温度、时间与方法，均应严格控制。防护层不应有断裂、裂纹。

4）锚头机械精加工尺寸应满足设计图纸要求。锚头必须按设计或规范要求进行探伤，检查结果必须合格。

5）钢丝镦头不得有横向裂纹。每镦头一批，须仔细对镦头机进行检查调整，以保证镦头质量。

6）冷铸材料配料应准确，加温固化应严格控制程序、温度和时间。

7）斜拉索安装前，均应作 1.3～1.5 倍设计荷载的预张拉试验，锚板回缩量不大于 6mm，试验后锚具完好。

8）斜拉索成品在出厂前须做放索试验。

2. 平行钢丝斜拉索制作与防护的实测项目，见表 6.10.2。

平行钢丝斜拉索制作与防护实测项目　　表 6.10.2

项次	检查项目		规定值或允许偏差	检查方法和频率	权值
1△	斜拉索长度（mm）	≤100m	±20	尺量：每根	2
		>100m	±1/5000 索长		
2△	PE 防护厚度（mm）		+1.0，-0.5	尺量：抽查 20%	1

项次	检查项目		规定值或允许偏差	检查方法和频率	权值
3	锚板孔眼直径 D（mm）		$d < D < 1.1d$	量规：每件	1
4	镦头尺寸（mm）		镦头直径≥1.4d 镦头高度≥d	游标卡尺：每种规格检查10个	1
5△	冷铸填料强度	允许	不小于设计	试验机：每锚3个边长3cm试件	2
		极值	小于设计10%		
6△	锚具附近密封处理		符合设计要求	目测：全部	2

注：d 为钢丝直径。

3. 平行钢丝斜拉索制作与防护的外观鉴定

1）斜拉索表面应平整密实，无畸形，色泽一致，不符合要求时减 1~5 分。

2）斜拉索表面无碰伤或擦痕，不符合要求时减 1~5 分。

3）锚头无伤痕、锈蚀，不符合要求时须处理，并减 1~3 分。

6.10.3 混凝土斜拉桥主墩上梁段的浇筑

1. 混凝土斜拉桥主墩上梁段的浇筑基本要求

1）混凝土所用的水泥、砂、石、水、外掺剂及混合材料的质量和规格必须符合有关规范的要求，按规定的配合比施工。

2）不得出现露筋和空洞现象。

3）施工过程中，梁体不得出现宽度超过设计规范规定的受力裂缝。一旦出现，必须查明原因，经过处理后方可继续施工。

2. 混凝土斜拉桥主墩上梁段的浇筑实测项目,见表 6.10.3。

主墩上梁段浇筑实测项目　　表 6.10.3

项次	检查项目		规定值或允许偏差	检查方法和频率	权值
1△	混凝土强度（MPa）		在合格标准内	按"1.6"检查	3
2△	轴线偏位（mm）		跨径/10000	经纬仪或全站仪：纵桥向检查 2 点	2
3	顶面高程（mm）		±10	水准仪：检查 3 处	2
4△	断面尺寸（mm）	高度	+5，−10	尺量：检查 2 个断面	2
		顶宽	±30		
		底宽或肋间宽	±20		
		顶、底、腹板厚或肋宽	+10，−0		
5	横坡（%）		±0.15	水准仪：检查 1~3 处	
6	预埋件位置（mm）		5	尺量：每件	1
7	平整度（mm）		8	2m 直尺：检查竖直、水平两个方向，每侧面每 10m 梁长测 1 处	1

3. 混凝土斜拉桥主墩上梁段的浇筑外观鉴定

1）混凝土表面平整，线形顺直，色泽一致。不符合要求时减 1~3 分。

2）混凝土表面不得出现蜂窝、麻面，如出现必须修整完好，并减 1~4 分。

3）混凝土表面出现非受力裂缝时减 1~3 分，裂缝宽度超过设计规定或设计未规定时超过 0.15mm 必须处理。

4）梁体内不应遗留建筑垃圾、杂物、临时预埋件等。不符合要求时减 1~2 分并应清理干净。

6.10.4　混凝土斜拉桥梁的悬臂施工

1. 混凝土斜拉桥梁的悬臂施工的基本要求

1）混凝土所用的水泥、砂、石、水、外掺剂及混合材料的质量和规格必须符合有关规范的要求，严格按规定的配合比施工。

2）千斤顶及油表等斜拉索张拉工具，必须事先经过检查和标定。

3）穿索前应将锚箱孔道毛刺打平，避免损伤斜拉索。

4）施工过程中必须对索力、高程及塔柱变形进行观测，并记录当时的温度。

5）悬臂施工块件前，必须对 0 号块件的高程、桥轴线作详细复核，符合设计要求后方可进行悬臂块件的施工。

6）悬臂施工必须对称进行，斜拉索张拉的次数、量值和顺序应按设计规定或施工控制要求进行。

7）悬臂施工跨中合龙前，应调整超出允许范围的索力值。合龙段两侧的高差，必须在设计允许范围内。

8）梁体不得出现露筋和空洞现象，不得出现宽度超过设计和规范规定的受力裂缝。若出现时必须查明原因，经过处理后方可继续施工。

9）施工过程中，当索力和高程超过设计允许偏差时，必须按施工控制的要求进行调整。

10）接头的形式、位置及其他技术性能必须满足设计要求。

2. 混凝土斜拉桥梁的悬臂施工的实测项目，见表 6.10.4-1 和表 6.10.4-2，悬臂拼装的梁段制作见表 6.7.1-1。

混凝土斜拉桥梁的悬臂浇筑实测项目　表 6.10.4-1

项次	检 查 项 目		规定值或允许偏差		检查方法和频率	权值
1△	混凝土强度（MPa）		在合格标准内		按"1.6"检查	3
2	轴线偏位（mm）		$L \leqslant 100\mathrm{m}$	10	经纬仪：每段检查 2 点	1
			$L > 100\mathrm{m}$	$L/10000$		
3△	断面尺寸（mm）	高度	+5，-10		尺量：每段检查 2 个断面	2
		顶宽	±30			
		底宽或肋间宽	±20			
		顶、底、腹板厚或肋宽	+10，-0			
4△	索力（kN）	允许	满足设计和施工控制要求		测力仪：测每索拉力	3
		极值	符合设计规定，设计未规定时与设计值相差 10%			
5△	梁锚固点或梁顶高程（mm）	梁段	满足施工控制要求		水准仪或全站仪：测量每个锚固点或每梁段中点	2
		合拢后	$L \leqslant 100\mathrm{m}$	±20		
			$L > 100\mathrm{m}$	±$L/5000$		
6	横坡（%）		±0.15		水准仪：检查每梁段	1
7△	锚具轴线与孔道轴线偏位（mm）		5		尺量：全部	1
8	预埋件位置（mm）		5		尺量：每件	1
9	平整度（mm）		8		2m 直尺：检查竖直、水平两个方向，每侧每 10m 梁长测 1 处	1

注：1. L 为跨径。

2. 合龙段评定时，项次 4、7 不参与评定。

混凝土斜拉桥梁的悬臂拼装实测项目　表6.10.4-2

项次	检查项目		规定值或允许偏差		检查方法和频率	权值
1△	合龙段混凝土强度（MPa）		在合格标准内		按"第1章第6节"检查	3
2	轴线偏位（mm）		$L \leqslant 100m$	10	经纬仪：每段检查2点	1
			$L > 100m$	$L/10000$		
3△	索力（kN）	允许	满足设计和施工控制要求		测力仪：测每索拉力	3
		极值	设计规定，设计未规定时与设计值相差10%			
4△	梁锚固点或梁顶高程（mm）	梁段	满足施工控制要求		水准仪或全站仪：测量每个锚固点或每梁段中央	1
		合拢后	$L \leqslant 100m$	±20		
			$L > 100m$	$±L/5000$		
5△	锚具轴线与孔道轴线偏位（mm）		5		尺量：抽查25%	1

注：1. L 为跨径。
　　2. 合龙段评定时，项次3、5不参与评定。

3. 混凝土斜拉桥梁的悬臂施工的外观鉴定

1）线形平顺，梁顶面平整，每段无明显折变。不符合要求时减1～3分。

2）相邻块件的接缝平整密实，色泽一致，棱角分明，无明显错台。不符合要求时减1～3分。

3）混凝土表面不应出现蜂窝、麻面，如出现必须修整，并减1～4分。

4）混凝土表面出现非受力裂缝时减1～3分，裂缝宽度超过设计规定或设计未规定时超过0.15mm必须处理。

5）梁体内不应遗留建筑垃圾、杂物、临时预埋件等。不符合要求时减1～2分并应清理干净。

6.10.5 钢斜拉桥的箱梁段制作

1. 钢斜拉桥的箱梁段制作的基本要求同本标准钢梁制作条3。

2. 钢斜拉桥的箱梁段制作的实测项目见表6.10.5。

钢箱梁段制作实测项目   表6.10.5

项次	检查项目		规定值或允许偏差	检查方法和频率	权值
1	梁长（mm）		±2	钢尺：检查中心线及两侧	2
2	梁段桥面板四角高差（mm）		4	水准仪：检查4角	1
3	风嘴直线度偏差（mm）		$L/2000$，且≤6	拉线、尺量：检查各风嘴边缘	1
4△	端口尺寸	宽度（mm）	±4	钢尺：检查两端	1
		中心高（mm）	±2		1
		边高（mm）	±3		1
		横断面对角线差（mm）	≤4		1
5	锚箱	锚点坐标（mm）	±4	经纬仪、垂球：检查6点	1
		斜拉索轴线角度	0.5°	经纬仪、垂球：2点	1
6△	梁段匹配性	纵桥向中心线偏差	1	钢尺：每段检查	2
		顶、底、腹板对接间	+3，−1	钢尺：检查各对接断面	2
		顶、底、腹板对接错边（mm）	2	钢尺、水平仪：检查各对接断面	1
7△	焊缝	焊缝尺寸	符合设计要求	量规：检查全部	2
		探伤		超声：检查全部 射线：按设计规定，设计无规定时按10%抽查	3

注：L—量测长度。

129

3. 钢斜拉桥的外观鉴定

1）钢箱梁内外表面不得有凹陷、划痕、焊疤、电弧擦伤等缺陷，外露边缘应无毛刺。不符合要求时，每处 减 0.5～1 分，并应修整。

2）焊缝均应平滑，无裂纹、未熔合、夹渣、未填满弧坑、焊瘤等外观缺陷，预焊件的装焊符合设计要求。发现不合格时，每处减 0.5～2 分，并须处理。

6.10.6 钢斜拉桥箱梁段防护涂装和合龙后工地防护涂装
同本标准钢梁防护。

6.10.7 钢斜拉桥箱梁段的拼装

1. 钢斜拉桥箱梁段的拼装基本要求

1）钢箱梁拼装架设时采用的高强螺栓、焊接材料的品种规格、化学成份及力学性能必须符合设计和有关技术规范的要求。

2）在工厂制作的斜拉索成品必须有经监理工程师签认的产品质量合格证，方能在工地架设使用。

3）钢箱梁段必须验收合格后方能在工地拼装。

4）工地安装焊缝必须事先进行焊接工艺评定试验，施焊必须按监理工程师批准的焊接工艺方案进行。施焊人员必须具有相应的焊接资格证和上岗证。

5）同一部位的焊缝返修不能超过二次，返修后的焊缝应按原质量标准进行复验，并且合格。

6）高强螺栓连接摩擦面的抗滑移系数应对随梁发送的试板进行检验，检验结果须符合设计要求。

7）千斤顶和油表等斜拉索张拉工具，以及高强螺栓测力扳手必须事先经过检查和标定。

8）施工过程中必须对索力、高程及塔柱变形进行观测，并记录现场的温度。当索力和标高超过设计允许偏差时，必须按施工控制的要求进行调整。

9）悬臂施工必须按照设计要求对称进行。

2. 钢斜拉桥箱梁段的拼装实测项目，见表6.10.7-1及表6.10.7-2。

钢斜拉桥箱梁段的悬臂拼装实测项目　表6.10.7-1

项次	检查项目		规定值或允许偏差		检查方法和频率	权值
1	轴线偏位（mm）		L≤200m	10	经纬仪：每段检查2点	1
			L>200m	L/20000		
2△	索力（kN）	允许	满足设计和施工控制要求		测力仪：测每索拉力	3
		极值	设计规定，设计未规定时与设计值相差10%			
3△	梁锚固点或梁顶高程（mm）	梁段	满足施工控制要求		水准仪：测量每个锚固点或梁段两端中点	2
		合拢后	L≤200m	±20		
			L>200m	±L/1000		
4	梁顶水平度（mm）		20		水准仪：测梁顶四角	1
5△	相邻节段匹配高差（mm）		2		尺量：每段	2
6△	连接	焊缝尺寸	符合设计要求		量规：检查全部	3
		探伤			超声：检查全部 射线：按设计规定，设计无规定按10%抽	
		高强螺栓扭矩	±10%		测力扳手：抽查5%且不少于2个	

注：L为跨径。

131

钢斜拉桥钢箱梁段的支加强安装实测项目　表 6.10.7-2

项次	检查项目		规定值或允许偏差	检查方法和频率	权值
1	轴线偏位（mm）		10	经纬仪：每段检查2点	1
2	梁段的纵向位置（mm）		10	经纬仪：检查每段	2
3△	梁顶标高（mm）		±10	水准仪：测量梁段两端中点	2
4	梁顶水平度（mm）		10	水准仪：测量四角	1
5△	连接	焊缝尺寸	符合设计要求	量规：检查全部	2
		焊缝探伤		超声：检查全部 射线：按设计规定，设计无规定时按10%抽查	3
		高强螺栓扭矩	±10%	测力扳手：检查5%，且不少于2个	

3. 钢斜拉桥箱梁段的拼装外观鉴定

1）线形平顺，段间无明显折变，不符合要求时减 1～3 分。

2）焊缝均应平滑，无裂纹、未熔合、夹渣、未填满弧坑、焊瘤等外观缺陷。发现不合格时，每处减 0.5～2 分，并须处理。

6.10.8　结合梁斜拉桥的工字梁段制作

1．结合梁斜拉桥的工字梁段制作基本要求

1）钢梁（梁段）采用的钢材和焊接材料的品种规格、化学成份及力学性能必须符合设计和有关技术规范的要求，具有完整的出厂质量合格证明，并经制作厂家和监理工程师复检合格后方可使用。

2）钢梁（梁段）元件、临时吊点和养护车轨道吊点等的加工尺寸和钢梁（梁段）预拼装精度应符合设计和有关技术规范的要求，并经监理工程师分阶段检查验收签字认可后，方可进行下一道工序。

3）钢梁（梁段）制作前必须进行焊接工艺评定试验，评定结果应符合技术规范的要求并经监理工程师签字认可，制定实施性焊接施工工艺。施焊人员必须具有相应的焊接资格证和上岗证。

4）同一部位的焊缝返修不能超过二次，返修后的焊缝应按原质量标准进行复验，并且合格。

5）高强螺栓连接摩擦面的抗滑移系数应进行检验，检验结果须符合设计要求。

6）钢梁梁段必须进行试组装，并按设计和有关技术规范要求进行验收。工地安装施工人员应参加试组装及验收。验收合格后填发梁段产品合格证，方可出厂安装。

7）钢梁（梁段）元件和钢梁（梁段）的存放，应防止变形、碰撞损伤和损坏漆面，不得采用变形元件。

8）排水设施、灯座、护栏、路缘石、栏杆柱预埋件和剪力键等均应按设计图纸安装完成，无遗漏且位置准确。

2. 结合梁斜拉桥的工字梁段制作实测项目，见表6.10.8。

工字梁段制作实测项目　　　　　　　表6.10.8

项次	检查项目		规定值或允许偏差	检查方法和频率	权值
1△	梁高（mm）	主梁	±2	尺量：每梁段检查2处	2
		横梁	±1.5		2

项次	检 查 项 目		规定值或允许偏差	检查方法和频率	权值
2	梁长(mm)	主梁	±2	尺量:每梁段	1
		横梁	±2		1
3	梁宽(mm)	主梁	±2	尺量:每梁段检查 2处	1
		横梁	±2		1
4	梁腹板平面度	主梁	$h/350$,且不大于8	2m 直尺:沿长度方向每段量2~3尺	1
		横梁	$h/500$,且不大于5		1
5	锚箱(mm)	锚点坐标(mm)	±4	经纬仪、垂球:6点	1
		斜拉索轴线角度(°)	0.5	经纬仪、垂球:2点	1
6△	梁段顶、底、腹板对接错边(mm)		2	钢尺、水平仪:检查各对接断面	2
7△	连接	焊缝尺寸	符合设计要求	量规:检查全部	2
		焊缝探伤		超声:检查全部 射线:按设计规定,设计无规定时按 10% 抽查	3
		高强螺栓扭矩	±10%	测力扳手:检查5%,且不少于2个	

注:h 为梁高。

3. 结合梁斜拉桥的工字梁段制作外观鉴定

1)钢梁内外表面不得有凹陷、划痕、焊疤、电弧擦伤等缺陷,外露边缘应无毛刺。不符合要求时,每处减 0.5 ~ 1 分,并应修整。

2）焊缝均应平滑，无裂纹、未熔合、夹渣、未填满弧坑、焊瘤等外观缺陷，预焊件的装焊符合设计要求。发现不合格时，每处减 0.5～2 分，并须处理。

6.10.9 结合梁斜拉桥工字梁段防护及合龙后工地防护同钢梁防护。

6.10.10 结合梁斜拉桥工字梁段的悬臂拼装

1. 结合梁斜拉桥工字梁段的悬臂拼装的基本要求同钢斜拉桥箱梁段的拼装。

2. 结合梁斜拉桥工字梁段的悬臂拼装的实测项目见表6.10.10。

结合梁工字梁段悬臂拼装实测项目　　表 6.10.10

项次	检查项目			规定值或允许偏差		检查方法和频率	权值
1	轴线偏位（mm）			$L \leqslant 200\text{m}$	10	经纬仪：每段检查 2 点	1
				$L > 200\text{m}$	$L/20000$		
2△	索力（kN）			满足设计和施工控制要求		测力仪：测每索	3
3△	梁锚固点或梁顶高程（mm）	梁段		满足施工控制要求		水准仪：测量每个锚固点或梁段两端中点	2
		两主梁高差		10			
4△	连接	焊缝尺寸		符合设计要求		量规：检查全部	2
		焊缝探伤				超声：检查全部 射线：按设计规定，设计无规定时按 10% 抽查	3
		高强螺栓扭矩		±10%		测力扳手：检查 5%，且不少于 2 个	

注：L 为跨径。

135

3. 结合梁斜拉桥工字梁段的悬臂拼装外观鉴定
同钢斜拉桥箱梁段。

6.10.11 重结合梁斜拉桥的混凝土板

1. 重结合梁斜拉桥的混凝土板基本要求

1) 混凝土所用的水泥、砂、石、水、外掺剂及混合材料的质量和规格必须符合有关规范的要求，按规定的配合比施工。

2) 混凝土板的浇筑或安装必须按照设计要求，对称进行。

3) 不得出现露筋和空洞现象。

4) 施工过程中，当索力和高程超过设计允许偏差时，必须按施工控制的要求进行调整。

2. 重结合梁斜拉桥的混凝土板实测项目见表 6.10.11。

结合梁斜拉桥混凝土板施工实测项目　　　表 6.10.11

项次	检查项目		规定值或允许偏差		检查方法和频率	权值
1△	混凝土强度（MPa）		在合格标准内		按"第1章第6节"检查	3
2△	混凝土尺寸（mm）	厚	+10，-0		尺量：每段2个断面	1
		宽	±30			1
3△	索力（kN）	允许	符合设计要求		测力仪：测每索	2
		极值	符合设计规定，设计未规定时与设计值相差10%			
4△	高程（mm）		$L \leqslant 200\text{m}$	±20	经纬仪：每跨检查5~15处	1
			$L > 200\text{m}$	$\pm L/10000$		
5	横坡（%）		±0.15		测力仪：测量3~8个断面	1

注：L 为跨径。

136

3. 重结合梁斜拉桥的混凝土外观鉴定

1）混凝土表面应平整，无凹陷，不符合要求时减 1 ~ 3 分。

2）混凝土边缘线条顺直，不符合要求时减 1 ~ 3 分。

3）混凝土底面不得出现蜂窝、麻面，如出现必须修整，并减 1 ~ 4 分。

6.11 悬 索 桥

6.11.1 混凝土索塔

1. 混凝土索塔的基本要求

1）混凝土所用的水泥、砂、石、水、外掺剂及混合材料的质量和规格必须符合有关规范的要求，按规定的配合比施工。

2）分段浇筑时段与段间不得有错台。

3）不得出现露筋和空洞现象。

4）横系梁施工中，不得因支架变形、温度或预应力而出现裂缝。

2. 混凝土索塔的实测项目

塔柱见表 6.11.1，横梁见表 6.10.1-2。

悬索桥塔柱段实测项目 表 6.11.1

项次	检查项目	规定值或允许偏差	检查方法和频率	权值
1△	混凝土强度（MPa）	在合格标准内	按 "1.6" 检查	3
2	塔柱底水平偏位（mm）	10	经纬仪：纵横各检查2点	1

项次	检查项目	规定值或允许偏差	检查方法和频率	权值
3△	倾斜度（mm）	符合设计规定，设计未规定时按塔高的1/3000，且不大于30	经纬仪；纵横各检查2点	2
4	外轮廓尺寸（mm）	±20	尺量：每段检查3个断面	1
5	壁厚（mm）	±5	尺量：每段每侧面检查1处	1
6	预埋件位置（mm）	5	尺量：每件检查	1
7	索鞍底板面高程（mm）	+10，-0	水准仪或全站仪：每索鞍1处	1

3. 外观鉴定

1) 混凝土表面平整，色泽一致，轮廓线顺直。不符合要求时减 1~3 分。

2) 混凝土表面不得出现蜂窝、麻面，如出现必须修整完好，并减 1~4 分。

3) 混凝土表面出现非受力裂缝时减 1~3 分。裂缝宽度超过设计规定或设计未规定时超过 0.15mm 必须处理。

4) 施工临时预埋件或其他临时设施未清除处理时减 1~2 分。

6.11.2 锚碇锚固体系制作

1. 锚碇锚固体系制作的基本要求

1) 所采用金属材料的力学性能及化学成份必须满足设计要求。

2) 组成刚架杆件和锚杆、锚梁的元件的加工尺寸和刚架的预拼装精度应符合设计和有关技术规范要求，并经监理工程师检查验收签字认可后，方可进行下一道工序。

3）在批量生产前，须按设计要求的抽样方法与频率，对拉杆、连接器进行破断拉力试验，试验结果应满足设计要求。

4）构件防护应符合设计要求。

2. 锚碇锚固体系制作的实测项目，见表6.11.2-1和见表6.11.2-2。

预应力锚固体系制作实测项目　　表6.11.2-1

项次	检查项目		规定值或允许偏差	检查方法和频率	权值
1△	连接器	拉杆孔至锚固孔中心距（mm）	±0.5	游标卡尺：逐件检查	2
2		主要孔径（mm）	+1.0, -0.0	游标卡尺：逐件检查	2
3△		孔轴线与顶、底面的垂直度（°）	0.3	量具：逐件检查	3
4		底面平面度（mm）	0.08	量具：逐件检查	2
5		拉杆孔顶、底面的平行度（mm）	0.15	量具：逐件检查	2
6△		拉杆同轴度（mm）	0.04	量具：逐件检查	2

刚架锚固体系制作实测项目　　表6.11.2-2

项次	检查项目	规定值或允许偏差	检查方法和频率	权值
1	刚架杆件长度（mm）	±2	尺量：每件检查	2
2	刚架杆件中心距（mm）	±2	尺量：每节间检查	1

项次	检查项目	规定值或允许偏差	检查方法和频率	权值
3△	锚杆长度（mm）	±3	尺量：每件检查	3
4	锚梁长度（mm）	±3	尺量：每件检查	2
5△	连　　接	符合设计要求	超声或测力扳手：抽查30%	2

3. 锚碇锚固体系制作的外观鉴定

杆件表面不得有擦痕，不符合要求时减 1~5 分。

6.11.3　锚碇锚固体系安装

1. 锚碇锚固体系安装的基本要求

1）锚固系统必须有合格证书，经验收合格后方可安装。

2）施工放样方法须经监理工程师签字认可，并对测量仪器进行校正和标定。

3）锚固系统必须安装牢固，在浇筑混凝土时不扰动，不变位。混凝土达到设计规定的强度后，方可按规定程序进行张拉。

4）按设计要求进行防护处理。

2. 锚碇锚固体系安装的实测项目，见表 6.11.3-1 至表 6.11.3-2。

预应力锚固系统安装实测项目　　　表 6.11.3-1

项次	检查项目	规定值或允许偏差	检查方法和频率	权值
1△	前锚面孔道中心坐标偏差（mm）	±10	全站仪：检查每孔道	1
2△	前锚面孔道角度（°）	±0.2	经纬仪或全站仪：每孔道检查	1

项次	检查项目	规定值或允许偏差	检查方法和频率	权值
3△	拉杆轴线偏位 （mm）	5	经纬仪或全站仪： 每拉杆检查	1
4△	连接器轴线偏位 （mm）	5	经纬仪或全站仪： 每连接器检查	1

刚架锚固系统安装实测项目　　表 6.11.3-2

项次	检查项目		规定值或允许偏差	检查方法和频率	权值
1	刚架中心线偏差（mm）		10	用经纬仪检查	1
2	刚架安装锚杆 之平联高差（mm）		+5，-2	用水准仪检查	1
3△	锚杆偏位 （mm）	纵	10	用经纬仪，每根检查	2
		横	5		
4	锚固点高程（mm）		±5	用水准仪，每根检查	2
5	后锚梁偏位（mm）		5	用水准仪，每根检查	1
6	后锚梁高程（mm）		±5	用水准仪，每根检查	1

3. 锚碇锚固体系安装的外观鉴定

表面清洁，防护完好。如发现损伤，应进行修复，并减
1~5分。

6.11.4　锚碇混凝土块体

1. 锚碇混凝土块体的基本要求

1）混凝土所用的水泥，砂、石、水、外掺剂及混合材
料的质量和规格必须符合有关规范的要求，按规定的配合比
施工。

2）地基承载力必须满足设计要求。

3）锚体上、下层不得有错台。先后浇筑的混凝土层间预埋钢筋的规格、长度、数量、间距必须满足设计和施工技术规范的要求。

4）水化热产生的混凝土内最高温度及内外温差，必须控制在允许范围内。

5）不得出现空洞和露筋现象。

6）锚室不得积水、渗水。

2. 锚碇混凝土块体的实测项目见表6.11.4。

锚碇混凝土块体实测项目　　　　表6.11.4

项次	检查项目		规定值或允许偏差	检查方法和频率	权值
1△	混凝土强度（MPa）		在合格标准内	按"1.6"检查	3
2	轴线偏位（mm）	基础	20	经纬仪；逐个检查	2
		槽口	10		1
3△	断面尺寸（mm）		±30	尺量：检查3~5处	2
4	基底高程（mm）	土质	±50	水准仪或全站仪；测8~10处	1
		石质	+50，−200		
5	顶面高程（mm）		±20	水准仪或全站仪；测8~10处	1
6	预埋件位置（mm）		符合设计要求	尺量或经纬仪：每件	2
7	大面积平整度（mm）		8	2m 直尺：每20m²测1处×3尺	1

3. 锚碇混凝土块体的外观鉴定

1）混凝土表面平整，施工缝平顺，色泽一致。不符合要求时，减1~3分。

2）混凝土表面不得出现蜂窝、麻面。不符合要求时应修整，并减 1～4 分。

3）混凝土表面出现非受力裂缝时，减 1～3 分。裂缝宽度超过设计规定或设计未规定时超过 0.15mm 必须处理。

6.11.5　预应力锚索的张拉与压浆

同本标准预应力筋的加工和张拉，并应按设计规定进行张拉试验，满足要求后方可正式张拉。

6.11.6　悬索桥索鞍制作

1. 悬索桥索鞍制作的基本要求

1）鞍槽铸钢件出厂前须出具质量合格证明书，其内容应有：制造厂名称代号、图号或件号（发运号）、炉号、化学成分、机械性能试验报告、无损检测报告，以及合同明确规定的其他内容。

2）鞍座钢板必须按有关标准逐张进行超声波探伤，成批钢板应按设计和有关规范规定的频率和方法抽样进行化学成分和机械性能试验。探伤和试验结果须合格后方可使用。

3）焊接材料必须采用经焊接工艺评定合格、并经验收符合要求的焊条、焊丝和焊剂，对所有焊缝应按设计要求进行无损探伤。探伤结果必须合格。

4）施焊前，应对母材、焊条及坡口形式，焊接质量等，按焊接规范和设计要求进行焊接工艺评定，实施的焊接工艺应经监理工程师签字认可。

5）铸钢件、钢板和焊缝经检测后如发现表面、内部有超标缺陷，必须按有关规范和设计要求的方法进行修补，修补后应检验合格，并作好修补记录备查。

6）出厂前必须先进行试拼装，各零部件应印有识别标记和定位标记，当符合要求并由监理签发合格证后才可发运到工地安装。产品在搬动运输和储存过程中应妥善保护，不得使任何零部件和涂装受到损伤和散失。

7）索鞍防护处理应符合设计要求。

2. 悬索桥索鞍制作的实测项目见表6.11.6-1和表6.11.6-2。

主索鞍制作实测项目   表 6.11.6-1

项次	检查项目	规定值或允许偏差	检查方法和频率	权值
1△	主要平面的平面度	0.08mm/1000，且0.5mm/全平面	量具：检查每主要平面	1
2△	鞍座下平面对中心索槽竖直平面的垂直度偏差	≤2mm/全长	机床检查	2
3△	上、下承板平面的平行度	0.5mm/全平面	量具：检查上、下承板	1
4	对合竖直平面与鞍体下平面的垂直度偏差	<3mm/全长	百分表：检查每对合竖直平面	1
5	鞍座底面对中心索槽底的高度偏差（mm）	±2mm	机床检查	1
6	鞍槽轮廓的圆弧半径偏差	±2mm/1000	数控机床检查	2
7	各槽宽度、深度偏差（mm）	+1/全长及累积误差+2	样板、游标卡尺/深度尺	1
8△	各槽对中心索槽的对称度（mm）	0.5	数控机床检查	2
9	各槽曲线立面角度偏差（°）	≤±0.2	数控机床检查	1
10△	喷锌层厚度（um）	不小于设计	测厚仪：每检测面10点	2

注：项次1主要平面包括：主索鞍的下平面、对合的竖直平面；上、下支承板的上下平面；中心索槽的竖直（基准）平面。

散索鞍制作实测项目　　　　表 6.11.6-2

项次	检查项目	规定值或允许偏差	检查方法和频率	权值
1△	平面度	0.08mm/1000，及 0.5mm/全平面	量具：检查每主要平面底板下平面、中心索槽竖直平面	1
2△	支承板平行度（mm）	<0.5	量具	1
3	摆轴中心线与索槽中心平面的垂直度偏差（mm）	<3	机床检查	2
4	摆轴接合面到索槽底面的高度偏差（mm）	±2	直尺、拉尺	1
5△	鞍槽轮廓的圆弧半径偏差（mm）	±2/1000mm	数控机床检查	2
6△	各槽宽度、深度偏差（mm）	+1/全长及累积误差 +2	样板、游标卡尺、深度尺	1
7△	各槽对中心索槽的对称度（mm）	0.5	数控机床检查	2
8	各槽曲线立面角度偏差（°）	0.2	数控机床检查	1
9	加工后鞍槽底部及侧壁厚度偏差（mm）	±10	尺量：各不少于 3 处	1
10△	喷锌层厚度（um）	不小于设计	测厚仪：每检测面 10 点	2

3. 悬索桥索鞍制作的外观鉴定

1）鞍槽内加工表面和各隔板全部表面按规定要求进行喷锌处理时，涂层应均匀致密，无漏喷涂和附着不牢层，无未完全熔化大颗粒，不符合要求减 1~2 分。

2）各外露不加工表面防护涂层平整光洁，均匀一致，无破损、气泡、裂纹、针孔、凹陷、麻点、流挂和皱皮等缺陷。不符合要求时减 1～3 分。

3）各孔、平面的加工表面应涂脂防锈，不符合要求时减 1～3 分。

6.11.7　索鞍安装

1. 索鞍安装的基本要求

1）索鞍成品必须按设计和有关技术规范要求验收合格，并有产品合格证，方可安装。

2）必须按设计和有关技术规范要求放置底板或格撮，并与底座混凝土连成整体。底座混凝土应振捣密实，强度符合设计要求。

3）安装前应进行全面检查，如有损伤，须作处理。索槽内部应清洁不应沾上减少缆索和索鞍之间摩擦的油或油漆等材料。

4）索鞍就位后应锁定牢靠。

2. 索鞍安装的实测项目，见表 6.11.7-1 及表 6.11.7-2。

主索鞍安装实测项目　　　　　　表 6.11.7-1

项次	检查项目		规定值或允许偏差	检查方法和频率	权值
1△	最终偏位（mm）	顺桥向	符合设计要求	经纬仪或全站仪:每鞍测量	3
		横桥向	10		2
2△	高程(mm)		+20，-0	全站仪:每鞍测量1处	3
3	四角高差(mm)		2	水准仪或全站仪:每鞍测量四角	2

146

散索鞍安装实测项目　　表6.11.7-2

项次	检查项目	规定值或允许偏差	检查方法和频率	权值
1△	底板轴线纵、横向(mm)	5	经纬仪:每鞍测量	3
2	底板中心高程(mm)	±5	水准仪:每鞍测量	2
3	底板扭转(mm)	2	经纬仪或全站仪:每鞍测量	2
4	安装基线扭转(mm)	1	经纬仪或全站仪:每鞍测量	1
5△	散索鞍竖向倾斜角	符合设计要求	经纬仪或全站仪:每鞍测量	2

3. 索鞍安装的外观鉴定

索鞍表面必须清洁,防护涂装完好无损。不符合要求时减1~4分,并须处理。

6.11.8　悬索桥索股和锚头的制作与防护

1. 悬索桥索股和锚头的制作与防护基本要求

1)索股和锚头钢材的化学成分和力学性能必须符合设计和有关技术规范的要求。

2)索股的锚杯和锚板必须逐件进行无破损探伤检测,合格后方可使用。

3)索股在成批生产前,必须按设计要求进行拉伸破坏试验,试验后锚头进行剖面检查,合格后方可生产。

4)索股钢丝应梳理顺直平行,长度一致,无交叉、鼓丝、扭转现象,严禁弯折;绑扎带牢固,索股上的标志点应齐全、准确,防护符合设计要求。

5)应对索股的上盘和放盘进行工艺试验。

6) 运输和存贮过程中应保证索股不受损伤、污染和腐蚀。

2. 悬索桥索股和锚头的制作与防护实测项目见表6.11.8。

索股和锚头的制作与防护实测项目　　　表6.11.8

项次	检查项目	规定值或允许偏差	检查方法和频率	权值
1△	索股基准丝长度(mm)	基准丝长/15000	钢尺:测量每丝	3
2△	成品索股测长精度(mm)	索股长/10000	钢尺:每件检查	2
3△	热铸锚合金灌铸率(%)	>92	量测计算:每件检查	2
4	锚头顶压索股外移量(按规定顶压力,持荷5min)(mm)	符合设计要求	百分表:每件检查	1
5△	索股轴线与锚头端面垂直度(°)	±0.5	仪器量测:每件检查	2
6△	锚头表面涂层厚度(um)	符合设计要求	测厚仪:每件检查	2

注:项次4外移量允许偏差应在扣除初始外移量之后进行测量。

3. 悬索桥索股和锚头的制作与防护外观鉴定

1) 缠包带完好,钢丝防护无损伤,表面洁净。不符合要求时减1~3分。

2) 锚头表面平滑,涂层完好,无锈迹。不符合要求时减1~3分。

6.11.9　主缆架设

1. 主缆架设的基本要求

1) 索股成品应有合格证,必须按设计和有关技术规范要求验收合格方可架设。

2) 索股入鞍、入锚位置必须符合设计要求,架设时严

148

禁索股弯折、扭转和散开。

3）索股锚固应与锚板正交，锚头锁定装置应牢固。

2. 主缆架设的实测项目，见表6.11.9。

主缆架设实测项目 　　　　　表6.11.9

项次	检查项目		规定值或允许偏差	检查方法和频率	权值
1△	索股高程（mm）	基准 中跨跨中	±L/20000	全站仪:测量跨中	3
		基准 边跨跨中	±L/10000		
		基准 上、下游高差	10		
		一般 相对于基准索股	0,+5	全站仪或专用卡尺:测跨中	2
2△	锚跨索股力偏差		符合设计要求	测力计:每索股检查	2
3△	主缆空隙串（%）		±2	量直径和周长后计算:测索夹处和两索夹间	2
4	主缆直径不圆度（%）		2	紧缆后横竖直径之差,与设计直径相比,测两索夹间	1

注：L为中跨跨径。

3. 主缆架设的外观鉴定

1）架设后索股钢丝平行顺直无鼓丝，不重叠。不符合要求时应处理，并减1~3分。

2）索股顺直，不交叉，否则应进行处理。如有扭转现象，每处减3~5分。

3）索股钢丝镀锌层保护完好，表面清净。不符合要求时减1~3分。

6.11.10 主缆防护

1. 主缆防护的基本要求

1）防护前必须清除主缆钢丝表面的灰尘、油污和水分，保持干燥、干净。涂膏应均匀地填满主缆外侧钢丝与缠丝之间的间隙，涂膏性能必须符合设计要求。

2）缠丝前应对缠丝机进行标定。

3）缠绕钢丝应嵌进索夹端部留出的凹槽内不少于3圈，绕丝端部必须牢固地嵌入索夹端部槽内并予焊接固定，不得松动。

4）主缆防护的缆套安装，其各处密封性能必须良好。

2. 主缆防护的实测项目，见表6.11.10。

主缆防护实测项目   表6.11.10

项次	检查项目	规定值或允许偏差	检查方法和频率	权值
1	缠丝间距（mm）	1	插板：每两索夹间随机量测 lm 长	2
2△	缠丝张力（kN）	±0.3	标定检测：每盘抽查1处	2
3△	防护涂层厚度（um）	符合设计要求	测厚仪：每200m测1点	3

3. 主缆防护的外观鉴定

1）缠丝腻子应填满，并去除残留在裹覆层处的多余涂膏。不符合要求时减1~3分。

2）缠丝不重叠交叉，不符合要求时应进行处理，并减1~3分。

3）涂层应平滑，无凹凸不平，无破损和气孔，无流挂和漏涂等现象，保护完好，不符合要求时减1~3分。

6.11.11 悬索桥索夹制作与防护

1. 悬索桥索夹制作与防护的基本要求

1）铸钢及螺杆材料的化学成份，力学性能必须符合设计和有关技术规范要求。

2）分批热处理的铸钢件和合金结构钢均必须按设计和有关技术规范要求进行验收，验收结果必须合格。

3）每一件加工成品（索夹和螺杆）都必须按设计要求和有关技术规范的规定进行无损探伤，检测结果须合格。每对索夹两半部分必须先进行试拼装，经过监理签发产品质量合格证后方可按编号包装运输到工地安装。运输和存放要按规定妥善保护好，不得使任何部件受到永久性损伤。

4）每一半索夹如有超标缺陷应按设计要求进行修补，但修补点不允许超过 2 个，同一修补点不允许修补 2 次，要求作好修补记录备查。

5）铸钢件加工面不得有气孔、砂眼、缩松等可见缺陷，如检查发现，必须按设计要求修补。

6）索夹与螺杆的螺母和垫圈的接触面，须与螺杆轴线相垂直，加工精度必须符合图纸要求。

7）各表面防护处理应符合设计要求。

2. 悬索桥索夹制作与防护的实测项目见表 6.11.11。

索夹制作与防护实测项目　　表 6.11.11

项次	检查项目	规定值或允许偏差	检查方法和频率	权值
1	索夹内径偏差（mm）	±2	量具：每件检查	1
2	耳板销孔位置偏差（mm）	±1	量具：每件检查	2
3	耳板销孔内径偏差（mm）	+1，-0	量具：每件检查	2

项次	检查项目	规定值或允许偏差	检查方法和频率	权值
4	螺杆孔直线度（mm）	$\leq L/500$	量具：每件检查	2
5△	壁厚（mm）	符合设计要求	量具：每件检查	3
6△	索夹内壁喷锌厚度（mm）	不小于设计	测厚仪：每件检查	3

注：L—螺杆孔深度。

3. 悬索桥索夹制作与防护的外观鉴定

1）索夹内外表面防护涂层完好，如有局部破损或锈蚀应进行处理，并每处减 1~3 分。

2）索夹螺杆丝口部分长度均匀，螺牙保护完好。不符合要求时减 1~3 分。

6.11.12 悬索桥吊索和锚头的制作与防护

1. 悬索桥吊索和锚头的制作与防护的基本要求

1）吊索、锚杯铸钢、锌铜合金及耳板锻钢等材料的化学成分和各项力学性能必须符合设计和有关技术规范要求。

2）吊索的锚杯和耳板必须逐件按设计要求进行无损探伤检测，检测结果须合格方可使用。

3）吊索、耳板的防护应符合设计要求。

4）必须按设计要求进行组装件拉伸破坏试验，试验结果符合要求后方可成批生产吊索和锚头。

5）吊索和锚头的装配成品必须有经监理工程师签认的产品质量合格证方能绕盘包装运输到工地进行架设，运输和存贮过程中应保证成品不受损伤。

6）吊索的下料及长度标记，应在设计要求的拉力下测量，在锚头附近必须同时设置长度标志点和方向标志点。

2. 悬索桥吊索和锚头的制作与防护的实测项目见表 6.11.12。

吊索和锚头制作与防护实测项目　　表 6.11.12

项次	检查项目		规定值或允许偏差	检查方法和频率	权值
1	吊索调整后长度（销孔之间）（mm）	≤5m	±1	尺量:检查每根	2
		>5m	±L/5000		
2	销轴直径偏差（mm）		+0,-0.15	量具:检查每个	1
3	叉形耳板销孔位置偏差（mm）		±5	量具:检查每个	1
4△	热铸锚合金灌注率（%）		>92	量具检测、计算:检查每个	2
5△	锚头顶压后吊索外移量（按规定顶压力,持荷5min）（mm）		符合设计要求	量具:检查每个	2
6△	吊索轴线与锚头端面垂直度（°）		≤0.5	量具:检查每个	2
7△	锚头喷锌厚度（um）		符合设计要求	测厚仪:检查每个	2

注：1. 项次5顶压外移量允许偏差应在扣除初始外移量之后进行量测。

2. L—吊索长度。

3. 悬索桥吊索和锚头的制作与防护的外观鉴定

1）防护涂层表面光滑、连续、均匀、致密，无锈迹。不符合要求时减 1~2 分。

2）吊索护套质地紧密，无气泡，厚度均匀，色泽一致。不符合要求时减 1~3 分。

6.11.13　索夹和吊索安装

1. 索夹和吊索安装的基本要求

1）螺栓紧固设备应事先标定，按设计和有关技术规范要求分阶段检查螺杆中的拉力，并予补紧。

2）螺杆孔、上下索夹缝隙及其端部接合处和主缆缠丝处必须用合格的密封材料填实，确保螺杆被密封材料环绕并与主缆钢丝隔开。密封前螺杆孔里须清除水分，保持干燥。

3）锚头锁定装置须牢固。

4）工地涂装用防护材料必须符合设计和有关技术规范要求，涂装前索夹和锚头表面应按设计要求进行处理，达到要求后方可进行涂装防护施工。

2. 索夹和吊索安装的实测项目，见表6.11.13。

索夹和吊索安装实测项目　　　　表6.11.13

项次	检查项目		规定值或允许偏差	检查方法和频率	权值
1	索夹偏位(mm)	纵向	10	全站仪和钢尺：每个	2
		横向	3	全站仪：每个	2
2△	上、下游吊点高差(mm)		20	水准仪：每个	3
3△	螺杆紧固力(kN)		符合设计要求	压力表读数：每个	3

3. 索夹和吊索安装的外观鉴定

1）索夹密封良好，不符合要求时应进行处理，并减1～3分。

2）索夹螺栓端头长度均匀，螺牙保护完好，不符合要求时减1～2分。

3）吊索顺直无扭转现象，不符合要求时减3～5分。

4）吊索及索夹的防护完好，无划伤、擦痕、断裂、裂纹等缺陷，不符合要求时减1～3分，必要时应修补。

6.11.14　悬索桥钢加劲梁梁段制作

1. 悬索桥钢加劲梁梁段制作的基本要求

154

1）钢梁（梁段）采用的钢材和焊接材料的品种规格、化学成分及力学性能必须符合设计和有关技术规范的要求，具有完整的出厂质量合格证明，并经制作厂家和监理工程师复检合格后方可使用。

2）钢梁（梁段）元件、临时吊点和养护车轨道吊点等的加工尺寸和钢梁（梁段）预拼装精度应符合设计和有关技术规范的要求，并经监理工程师分阶段检查验收签字认可后，方可进行下一道工序。

3）钢梁（梁段）制作前必须进行焊接工艺评定试验，评定结果应符合技术规范的要求并经监理工程师签字认可，制定实施性焊接施工工艺。施焊人员必须具有相应的焊接资格证和上岗证。

4）同一部位的焊缝返修不能超过二次，返修后的焊缝应按原质量标准进行复验，并且合格。

5）高强螺栓连接摩擦面的抗滑移系数应进行检验，检验结果须符合设计要求。

6）钢梁梁段必须进行试组装，并按设计和有关技术规范要求进行验收。工地安装施工人员应参加试组装及验收。验收合格后填发梁段产品合格证，方可出厂安装。

7）钢梁（梁段）元件和钢梁（梁段）的存放，应防止变形、碰撞损伤和损坏漆面，不得采用变形元件。

8）排水设施、灯座、护栏、路缘石、栏杆柱预埋件和剪力键等均应按设计图纸安装完成，无遗漏且位置准确。

2. 悬索桥钢加劲梁梁段制作的实测项目

钢箱梁段，见表 6.11.14，钢桁节段见表 6.9.1-2。

3. 悬索桥钢加劲梁梁段制作的外观鉴定

同本标准钢梁制作条 1。

钢箱梁段制作实测项目 表 6.11.14

项次	检查项目		规定值或允许偏差	检查方法和频率	权值
1	梁长(mm)		±2	钢尺:检查中心线及两侧	1
2	梁段桥面板四角高差(mm)		4	水准仪:检查4角	1
3	风嘴直线度偏差(mm)		L/2000 且≤6	拉线、尺量:检查各风嘴边缘	1
4△	端口尺寸	宽度(mm)	±4	钢尺:检查两端	1
		中心高(mm)	±2		1
		边高(mm)	±3		1
		横断面对角线差(mm)	≤4		
5△	吊点位置	吊点中心距桥中心线距离偏差(mm)	±1	钢尺:检查吊点断面	1
		同一梁段两侧吊点相对高差(mm)	±5	水准仪:逐对检查	1
		相邻梁段吊点中心距距离偏差(mm)	±2	钢尺:逐个量测	1
		同一梁段两侧吊点中心连接线与桥轴线垂直度误差(′)	±2	经纬仪:每段检查	
6△	梁段匹配性	纵桥向中心线偏差(mm)	1	钢尺:每段检查	2
		顶、底、腹板对接间隙(mm)	+3,−1	钢尺:检查各对接断面	2
		顶、底、腹板对接错边(mm)	2	钢尺、水平仪:检查各对接断面	1
7△	焊缝	焊缝尺寸	符合设计要求	量规:检查全部	2
		探伤		超声:检查全部	
				射线:按设计规定,设计无规定时按10%抽查	3

注:L—量测长度。

6.11.15　悬索桥钢加劲梁段防护和工地防护

同本标准钢梁防护。

6.11.16　悬索桥钢加劲梁安装

1. 悬索桥钢加劲梁安装的基本要求

同本标准钢梁安装1，并须按设计规定的阶段，将主索鞍顶推至规定位置。

2. 悬索桥钢加劲梁安装的实测项目，见表6.11.16。

钢加劲梁安装实测项目　　　　表6.11.16

项次	检查项目		规定值或允许偏差	检查方法和频率	权值
1	吊点偏位(mm)		20	全站仪:检查每吊点	1
2	同一梁段两侧对称吊点处梁顶高差(mm)		20	水准仪:检查每吊点处	1
3△	相邻节段匹配高差(mm)		2	尺量:每段	2
4△	连接	焊缝尺寸	符合设计要求	量规:检查全部	2
		焊缝探伤		超声:检查全部 射线:按设计规定,设计无规定时按10%抽查	3
		高强螺栓扭矩	10%	测力扳手;检查5%,且不少于2个	

3. 悬索桥钢加劲梁安装的外观鉴定

1）线形平顺，无明显折变，不符合要求时减1~3分。

2）焊缝均应平滑，无裂纹、无熔合、夹渣、无填满弧坑、焊瘤等外观缺陷。发现不合格时，每处减0.5~2分，并须处理。

6.12 桥面系和附属工程

6.12.1 桥面防水层

1. 桥面防水层的基本要求

1）防水层材料的规格和性能，以及防水层的不透水应符合设计要求，并至少应有不低于桥面沥青混凝土铺装层使用年限的寿命，能适应动荷载及混凝土桥面开裂时不损坏的特点。

2）防水层施工前，混凝土表面应清除垃圾、杂物、油污与浮浆，并保持干净和干燥。

3）应严格按规定的工艺施工。

4）预计涂料表面在干燥前会下雨，则不应施工。施工过程中，严禁踩踏未干的防水层。防水层养护结束后、桥面铺装完成前，行驶车辆不得在其上急转弯或急刹车。

2. 桥面防水层的实测项目，见表 6.12.1。

防水层实测项目 表 6.12.1

项次	检查项目	规定值或允许偏差	检查方法和频率	权值
1△	防水涂膜厚度（mm）	符合设计规定，设计未定时，±0.1	测厚仪：每 200m² 测 4 点或按材料用量推算	1
2△	粘结强度（MPa）	不小于设计要求，且 ≥0.3（常温），≥0.2（气温≥35℃）	拉拔仪：每 200m² 测 4 点（拉拔速度：10mm/min）	1
3△	抗剪强度（MPa）	不小于设计要求，且 ≥0.4（常温），≥0.3（气温≥35℃）	剪切仪：一组三个（剪切速度：10mm/min）	1
4△	剥离强度（N/mm）	不小于设计要求，且 ≥0.3（常温），≥0.2（气温≥35℃）	90℃剥离仪：一组三个（剥离速度：10mm/min）	1

注：剥离强度仪仅适用于卷材类或加胎体类涂膜类防水层。

3. 桥面防水层的外观鉴定

1) 防水涂料应喷涂整个混凝土表面，如有遗漏，必须进行处理，并减 1~3 分。

2) 防水层应表面平整，无空鼓、脱落、翘边等缺陷。不符合要求时必须进行处理，并减 3~5 分。

6.12.2 桥面铺装

1. 桥面铺装的基本要求

1) 水泥混凝土桥面的基本要求同水泥混凝土路面，沥青混凝土桥面的基本要求同沥青混凝土路面。

2) 桥面泄水孔进水口的布置应有利于桥面和渗入水的排除，其数量不得少于设计要求，出水口不得使水直接冲刷桥体。

2. 桥面铺装的实测项目，见表 6.12.2-1 及表 6.12.2-2。

桥面铺装实测项目　　　　　　表 6.12.2-1

项次	检查项目			规定值或允许偏差		检查方法和频率	权值
1△	强度或压实度			在合格标准内		按"1.4 或 1.6"检查	3
2△	厚度(mm)			+10, -5		对比桥面浇筑前后标高检查:每 100m 测 5 处	2
3△	平整度	高速、一级公司		沥青混凝土	水泥混凝土	平整度仪:全桥每车道连续检测,每 100m 计算 IRI 或 σ	2
			IRI(m/km)	2.5	3.0		
			σ(mm)	1.5	1.8		
		其他公路	IRI(m/km)	4.2			
			σ(mm)	2.5			
			最大间隙 h(mm)	5		3m 直尺:每 100m 测 3 处×3 尺	

项次	检查项目		规定值或允许偏差	检查方法和频率	权值
4	横坡(%)	水泥混凝土	±0.15	水准仪:每100m检查3个断面	1
		沥青面层	±0.3		
5	抗滑构造深度		符合设计要求	砂铺法:每200m查3处	1

注: 1. 桥长不满100m者,按100m处理。

2. 对高速、一级公路上的小桥(中桥视情况)可并入路面进行评定。

复合桥面水泥混凝土铺装实测项目　表6.12.2-2

项次	检查项目	规定值或允许偏差	检查方法和频率	权值
1△	混凝土强度(MPa)	在合格标准内	按"1.6"检查	3
2△	厚度(mm)	+10, −5	对比桥面浇筑前后标高检查:每100m查5处	2
3△	平整度(mm)	5	3m直尺:每100m测3处×3尺	2
4	横坡(%)	±0.15	水准仪:每100m检查3个断面	1

注: 复合桥面的沥青混凝土面层按表6.12.4评定。

3. 桥面铺装的外观鉴定

桥面排水良好。不符合要求时减3~5分。

6.12.3　钢桥面板上防水粘结层

1. 钢桥面板上防水粘结层的基本要求

1) 防水粘结材料的质量要求和技术性能应符合设计和有关技术规范的要求。

2) 在钢箱梁架设完毕后,应对所有防护层表面进行清洗,去除灰尘、油污和其他污物,对桥面锈蚀部分进行处理,将现场焊缝及其相邻部分进行防护,达到要求的清洁度后，方可进行防水粘结层施工。

3）当桥面潮湿或环境温度低于露点时，严禁洒布粘结层。

4）严格控制防水粘结层材料的加热温度和洒布温度。

2. 钢桥面板上防水粘结层的实测项目，见表6.12.3。

钢桥面板上防水粘结层实测项目　　表6.12.3

项次	检查项目	规定值或允许偏差	检查方法和频率	权值
1	钢桥面板清洁度	符合设计要求	比照板目测：全部	1
2△	粘结层厚度（mm）	符合设计要求	测厚仪：每洒布段检查6点	2
3△	粘结层与钢板底漆间结合力（MPa）	不小于设计	拉拔仪：每洒布段检查6点	3
4△	防水层厚度（mm）	符合设计要求	测厚仪：每洒布段检查6点	2

3. 钢桥面板上防水粘结层的外观鉴定

1）防水粘结层的洒布应厚度均匀，不符合要求时减1～5分。

2）防水粘结层应平整、密实，无破损，气孔和起皱现象，不得有油污和其他污染现象。不符合要求时减1～3分。

6.12.4　钢桥面板上沥青混凝土铺装

1. 钢桥面板上沥青混凝土铺装的基本要求

1）沥青混合料的矿料质量及矿料级配应符合设计要求和施工规范的规定。

2）沥青材料及混合料的各项指标应符合设计和施工规范的要求，对每日生产的沥青混合料应做抽提试验（包括马歇尔稳定度试验）。

3）严格控制各种矿料和沥青用量及各种材料和沥青混合料的加热温度，碾压温度应符合要求。

4）拌和后的沥青混合料应均匀一致，无花白、粗细料分离和结团成块现象。

5）桥面泄水孔进水口的布置应有利于桥面和渗入水的排除，其数量不得少于设计要求，出水口不得使水直接冲刷桥体。

2. 钢桥面板上沥青混凝土铺装的实测项目见表6.12.4。

钢桥面板上沥青混凝土铺装实测项目　　表6.12.4

项次	检查项目			规定值或允许偏差	检查方法和频率	权值
1△	压实度			符合设计要求	按碾压吨位与遍数检查	3
2△	平整度	高速、一级公路	IRI(m/km)	2.5	平整度仪：全桥每车道连续检测，每100m计算IRI或σ	2
			σ(mm)	1.5		
		其他公路	IRI(m/km)	4.2		
			σ(mm)	2.5		
			最大间隙h(mm)	5	3m 直尺：每100m测3处×3尺	
3△	平均厚度(mm)			+0，-5	按沥青混凝土实际用量推算	3
4	抗滑构造深度(mm)			符合设计要求	砂铺法：每200m查1处	1
5	横坡(%)			±0.3	水准仪：每200m测4个断面	1

3. 钢桥面板上沥青混凝土铺装的外观鉴定

1）表面应平整密实，不应有泛油、裂缝、粗细料集中等现象。有上述缺陷的面积（单条裂缝则按其长度乘以

0.2m 宽度，折算成面积）之和不得超过受检面积的 0.03%。不符合要求时，每超过 0.03% 减 2 分。

2）表面无明显碾压轮迹。不符合要求时，每处减 1 ~ 3 分。

3）搭接处应紧密、平顺。不符合要求时，累计每 10m 长减 1 分。

4）面层与其他的构筑物应接顺，不得有积水现象，不符合要求时，每处减 1 ~ 2 分。

6.12.5 支座垫石和挡块

1. 支座垫石和挡块的基本要求

1）混凝土所用的水泥、砂、石、水、外掺剂及混合材料的质量和规格，必须符合有关技术规范的要求，按规定的配合比施工。

2）支座垫石不得出现露筋、空洞、蜂窝、麻面现象及任何裂缝。

2. 支座垫石和挡块的实测项目，见表 6.12.5-1 和表 6.12.5-2。

支座垫石实测项目　　　　　表 6.12.5-1

项次	检查项目	规定值或允许偏差	检查方法和频率	权值
1△	混凝土强度（MPa）	在合格标准内	按"1.6"检查	3
2△	轴线偏位（mm）	5	全站仪或经纬仪：支座垫石纵横方向检查	2
3	断面尺寸（mm）	±5	尺量：检查 1 个断面	2
4△	顶面高程（mm）	±2	水准仪：检查中心及四角	2
	顶面四角高差（mm）	1		
5	预埋件位置（mm）	5	尺量：每件	1

项次	检查项目	规定值或允许偏差	检查方法和频率	权值
1△	混凝土强度(MPa)	在合格标准内	按"1.6"检查	3
2	平面位置(mm)	5	全站仪或经纬仪:每块检查	2
3	断面尺寸(mm)	±10	尺量:每块检查1个断面	2
4	顶面高程(mm)	+10	水准仪:每块检查1处	1
5	与梁体间隙(mm)	±5	尺量:每块检查	1

3. 外观鉴定

1）混凝土表面平整、光洁，棱角线平直，不符合要求时减 1～3 分。

2）挡块如出现蜂窝、麻面，必须进行修整，并减 1～4 分。

3）挡块出现非受力裂缝时减 1～3 分，裂缝宽度超过设计规定或设计未规定时超过 0.15mm 必须处理。

6.12.6 支座安装

1. 支座安装的基本要求

1）支座的材料、规格和质量必须满足设计和有关规范的要求，经验收合格后方可安装。

2）支座底板调平砂浆性能应符合设计要求，灌注密实，不得留有空洞。

3）支座上下各部件纵轴线必须对正。当安装时温度与设计要求不同时，应通过计算设置支座顺桥向预偏量。

4）支座不得发生偏歪、不均匀受力和脱空现象。滑动

164

面上的四氟滑板和不锈钢板不得刮伤，安装前必须涂上硅脂油。

2. 支座安装的实测项目见表6.12.6。

支座安装实测项目　　　　表6.12.6

项次	检查项目		规定值或允许偏差	检查方法和频率	权值
1△	支座中心与主梁中心线偏位(mm)		2	经纬仪、钢尺：每支座	3
2	支座顺桥向偏位(mm)		10	经纬仪或拉线检查：每支座	2
3△	支座高程(mm)		按设计规定；设计未规定时，±5	水准仪：每支座	3
4	支座四角高差(mm)	承压力≤500kN	1	水准仪：每支座	2
		承压力>500kN	2		

3. 支座安装的外观鉴定

支座表面应保持清洁，支座附近的杂物及灰尘应清除不符合要求时必须进行处理，并减1~3分。

6.12.7 斜拉桥、悬索桥的支座安装

1. 斜拉桥、悬索桥的支座安装的基本要求

1）支座的材料、规格和质量必须满足设计和有关技术规范的要求，支座垫石应检验合格。

2）支座成品必须有产品合格证。

3）支座成品必须按设计和有关技术规范的规定进行试验和检测，其结果必须满足要求。

4）支座底板调平砂浆性能应符合设计要求，灌注密实，不得留有空洞。

5) 当安装时温度与设计要求不同时，应通过计算设置支座顺桥向预偏量。

6) 支座不得发生偏歪、不均匀受力和脱空现象。滑动面上的四氟滑板和不锈钢板不得刮伤，安装前必须涂上硅脂油。

2. 斜拉桥、悬索桥的支座安装的实测项目见表6.12.7。

斜拉桥、悬索桥的支座安装实测项目　　表6.12.7

项次	检查项目	规定值或允许偏差	检查方法和频率	权值
1△	竖向支座的纵、横向偏位(mm)	5	经纬仪:每支座测量	3
2△	支座高程(mm)	±10	水准仪:每支座测量	3
3	竖向支座垫石钢板水平度(mm)	2	水平仪、钢尺:每支座测量	2
4	竖向支座滑板中线与桥轴线平行度	1/1000	全站仪或经纬仪:每支座测量	2
5	横向抗风支座支挡垂直度(mm)	≤1	水平仪、钢尺:每支座测量	2
6	横向抗风支座支挡表面平行度(mm)	≤1	水平仪、钢尺:每支座测量	2
7	支挡表面与横向抗风支座表面间距(mm)	2	卡尺:每支座测量	2

3. 斜拉桥、悬索桥的支座安装的外观鉴定

1) 支座安装后应及时清理杂物，去除污物。不符合要求时减3~5分。

2) 做好防护，确保灰尘和有害物质不进入，防止污染。

166

不符合要求时减 1 ~ 3 分。

　　3) 漆膜如有损伤, 应进行处理, 并减 1 ~ 3 分。

6.12.8 伸缩缝安装

　　1. 伸缩缝安装的基本要求

　　1) 伸缩缝必须满足设计和有关技术规范的要求, 须有合格证, 并经验收合格后方可安装。

　　2) 伸缩缝必须锚固牢靠, 伸缩性能必须有效。

　　3) 伸缩缝两侧混凝土的类型和强度, 必须符合设计要求。

　　4) 大型伸缩缝与钢梁连接处的焊缝, 应作超声检测, 检测结果须合格。

　　5) 伸缩缝处不得积水。

　　2. 伸缩缝安装的实测项目, 见表 6.12.8。

伸缩缝安装实测项目　　　　表 6.12.8

项次	检查项目	规定值或允许偏差		检查方法和频率	权值
1	长度(mm)	符合设计要求		尺量:每道	2
2△	缝宽(mm)	符合设计要求		尺量:每道 2 处	3
3△	与桥面高差(mm)	2		尺量:每侧 3 ~ 7 处	3
4	纵坡(%)	一般	± 0.5	水准仪:测量纵向锚固混凝土端部 3 处	2
		大型	± 0.2	水准仪:沿纵向测伸缩缝两侧 3 处	
5	横向平整度(mm)	3		3m 直尺:每道	1

　　注:项次 2 应按安装时气温折算。

　　3. 伸缩缝安装的外观鉴定

　　伸缩缝无阻塞、渗漏、变形、开裂现象, 不符合要求时必须进行整修，并减 1～3 分。

6.12.9 混凝土小型构件预制

1. 混凝土小型构件预制的基本要求

1）所用的水泥、砂、石水和外掺剂的质量和规格必须符合有关规范的要求，按规定的配合比施工。

2）不得出现露筋和空洞现象。

2. 混凝土小型构件预制的实测项目，见表 6.12.9。

混凝土小型构件实测项目 表 6.12.9

项次	检查项目		规定值或允许偏差	检查方法和频率		权值
1△	混凝土强度（MPa）		在合格标准内	按"1.6"检查		3
2△	断面尺寸（mm）	≤80	±5	尺量：2 处	按构件总数的30%	2
		>80	±10			
3	长度（mm）		+5，-10	尺量		1

3. 混凝土小型构件预制的外观鉴定

1）构件外形轮廓清晰，线条直顺，不得有翘曲现象。不符合要求时减 1～3 分。

2）混凝土表面平整，无蜂窝，色泽一致，不符合要求时减 1～3 分。

6.12.10 人行道铺设

1. 人行道铺设的基本要求

1）悬臂式人行道必须在横向与主梁牢固连结。

2）人行道板必须在人行道梁锚固后方可铺设。

2. 人行道铺设的实测项目，见表 6.12.10。

人行道铺设实测项目　　　表 6.12.10

项次	检查项目	规定值或允许偏差	检查方法和频率	权值
1	人行道边缘平面偏位(mm)	5	经纬仪、钢尺拉线检查：每 30m 检查 1 处	3
2	纵向高程(mm)	+10,−0	水准仪：每 100m 检查 3 处	2
3	接缝两侧高差(mm)	2	水准仪：抽查 10%	2
4	横坡(%)	±0.3	水准仪：每 100m 检查 3 处	2
5	平整度(mm)	5	3m 直尺：每 100m 检查 3 处	1

注：桥长不满 100m 者，按 100m 处理。

3. 外观鉴定

人行道牢固直顺、平整，不符合要求时减 1 ~ 3 分。

6.12.11　栏杆安装

1. 栏杆安装的基本要求

1）栏杆杆件不得有弯曲或断裂现象。

2）栏杆必须在人行道板铺完后方可安装。

3）栏杆安装必须牢固，其杆件连接处的填缝料必须饱满、平整，强度应满足设计要求。

2. 栏杆安装的实测项目，见表 6.12.11。

栏杆安装实测项目　　　表 6.12.11

项次	检查项目	规定值或允许偏差	检查方法和频率	权值
1	栏杆平面偏位(mm)	4	经纬仪、钢尺拉线检查：每 30m 检查 1 处	3
2	扶手高度(mm)	±10	水准仪：抽查 20%	3
	柱顶高差(mm)	4		

项次	检查项目	规定值或允许偏差	检查方法和频率	权值
3	接缝两侧扶手高差(mm)	3	尺量:抽查20%	2
4	竖杆或柱纵横向竖直度(mm)	4	吊垂线:抽查20%	2

3. 栏杆安装的外观鉴定

1) 栏杆安装应直顺美观,不符合要求时减1~3分。

2) 杆件接缝处应无开裂现象,不符合要求时减1~3分。

6.12.12 混凝土防撞护栏

1. 混凝土防撞护栏的基本要求

1) 所用的水泥、砂、石、水和外掺剂的质量和规格必须符合有关规范的要求,按规定的配合比施工。

2) 不得出现露筋和空洞现象。

3) 防撞护栏上的钢构件应焊接牢固,焊缝应满足设计和有关规范的要求,并按设计要求进行防护。

2. 混凝土防撞护栏的实测项目,见表6.12.12。

混凝土防撞护栏浇筑实测项目   表6.12.12

项次	检查项目	规定值或允许偏差	检查方法和频率	权值
1△	混凝土强度(MPa)	在合格标准内	按"1.6"检查	3
2	平面偏位(mm)	4	经纬仪、钢尺拉线检查:每100m检查3处	2
3△	断面尺寸(mm)	±5	尺量:每100m每侧检查3处	2
4	竖直度(mm)	4	吊垂线:每100m每侧检查3处	1
5	预埋件位置(mm)	5	尺量:每件	1

170

3. 混凝土防撞护栏的外观鉴定

1) 防撞栏线形直顺美观，不符合要求时减 1~3 分。

2) 混凝土表面应平整，不应出现蜂窝麻面。如出现必须修整完好，并减 1~4 分。

3) 防撞栏浇筑节段间应平滑顺接，不符合要求时减 1~分。

.12.13 桥头搭板

1. 桥头搭板的基本要求

1) 所用的水泥、砂、石、水和外掺剂的质量和规格必须符合有关规范的要求，按规定的配合比施工。

2) 桥头搭板下的地基及垫层或路面基层的强度和压实度必须满足设计要求。

3) 不得出现露筋和空洞现象。

2. 桥头搭板的实测项目见表 6.12.13。

桥头搭板实测项目　　　　表 6.12.13

项次	检查项目		规定值或允许偏差	检查方法和频率	权值
1△	混凝土强度（MPa）		在合格标准内	按"1.6"检查	3
2	枕梁尺寸（mm）	宽、高	±20	尺量,每梁检查 2 个断面	1
		长	±30	尺量:检查每梁	
3	板尺寸（mm）	长、宽	±30	尺量:各检查 2~4 处	1
		厚	±10	尺量:检查 4~8 处	2
4	顶面高程（mm）		±2	水准仪:测量 5 处	2
5	板顶纵坡（%）		0.3	水准仪:测量 3~5 处	1

3. 桥头搭板的外观鉴定

1) 板的表面应平整，不符合要求时减 1~3 分。

2) 板的边缘顺直，不符合要求时减 1~2 分。

7 涵洞工程

7.1 一般规定

7.1.1 每道涵洞为一个分部工程，包含洞身各部分构件和洞口、填土等分项工程。

7.1.2 跨径或全长符合涵洞标准的通道，按本章的规定进行评定。

7.1.3 带有急流槽的涵洞，急流槽作为涵洞的一个分项工程，按本标准第4.8节评定。

7.1.4 钢筋混凝土涵洞除按本章规定评定外，还应包括钢筋加工及安装分项工程。

7.1.5 明涵的铺装可按第6.12节的有关规定评定。

7.1.6 涵台若设桩基础，按本标准第6.5.2条或第6.5.3条评定。

7.2 涵洞总体

7.2.1 涵洞总体的基本要求

1. 涵洞施工应严格按照设计图纸、施工规范和有关技术操作规程要求进行。

2. 各接缝、沉降缝位置正确，填缝无空鼓、裂缝、漏水现象；若有预制构件其接缝须与沉降缝吻合。

172

3. 涵洞内不得遗留建筑垃圾等杂物。

7.2.2 涵洞总体的实测项目，见表7.2.2。

涵洞总体实测项目　　　　表7.2.2

项次	检查项目	规定值或允许偏差	检查方法和频率	权值
1	轴线偏位（mm）	明涵20，暗涵50	经纬仪：检查2处	2
2△	流水面高程（mm）	±20	水准仪、尺量：检查洞口2处，拉线检查中间1~2处	3
3	涵底铺砌厚度（mm）	+40，−10	尺量：检查3~5处	1
4	长度（mm）	+100，−50	尺量：检查中心线	1
5△	孔径（mm）	±20	尺量：检查3~5处	3
6	净高（mm）	明涵±20，暗涵±50	尺量：检查3~5处	1

注：实际工程无项次3时，该项不参与评定。

7.2.3 涵洞总体的外观鉴定

1. 洞身顺直，进出口、洞身、沟槽等衔接平顺，无阻水现象。不符合要求时减1~3分。

2. 帽石、一字墙或八字墙等应平直，与路线边坡、线形匹配，棱角分明。不符合要求时减1~3分。

3. 涵洞处路面平顺，无跳车现象。不符合要求时减2~4分。

4. 外露混凝土表面平整，色泽一致。不符合要求时减1~3分。

173

7.3 涵 台

7.3.1 涵台的基本要求

1. 所用的水泥、砂、石、水、外掺剂、混合材料及石料的强度、质量和规格必须符合有关技术规范的要求，按规定的配合比施工。

2. 地基承载力及基础埋置深度须满足设计要求。

3. 混凝土不得出现露筋和空洞现象。

4. 砌块应错缝、坐浆挤紧，嵌缝料和砂浆饱满，无空洞、宽缝、大堆砂浆填隙和假缝。

7.3.2 涵台的实测项目，见表7.3.2。

涵台实测项目   表7.3.2

项次	检查项目		规定值或允许偏差	检查方法和频率	权值
1△	混凝土或砂浆强度（MPa）		在合格标准内	按"1.6"或"1.8"检查	3
2	涵台断面尺寸（mm）	片石砌体	±20	尺量：检查3~5处	1
		混凝土	±15		
3	竖直度或倾斜度（mm）		0.3%台高	吊垂线或经纬仪：测量2处	1
4△	顶面高程（mm）		±10	水准仪：测量3处	2

7.3.3 涵台的外观鉴定

1. 涵台线条顺直，表面平整。不符合要求时减1~3分。

2. 蜂窝、麻面面积不得超过该面面积的0.5%，不符合要求时，每超过0.5%减3分；深度超过10mm者必须处理。

174

3. 砌缝匀称，勾缝平顺，无开裂和脱落现象。不符合要求时减 1~3 分。

7.4 涵 管 制 作

7.4.1 预制涵管按第 3.2 节管节预制评定。

7.5 管座及涵管安装

7.5.1 管座及涵管安装的基本要求

1. 涵管必须检验合格方可安装。

2. 地基承载力须满足设计要求，涵管与管座、垫层或地基紧密贴合，垫稳坐实。

3. 接缝填料嵌填密实，接缝表面平整，无间断、裂缝、空鼓现象。

4. 每节管底坡度均不得出现反坡。

5. 管座沉降缝应与涵管接头平齐，无错位现象。

6. 要求防渗漏的倒虹吸涵管须做渗漏试验，渗漏量应满足要求。

7.5.2 管座及涵管安装的实测项目，见表 7.5.2。

管座及涵管安装实测项目　　　　表 7.5.2

项次	检 查 项 目		规定值或允许偏差	检查方法和频率	权值
1△	管座或垫层混凝土强度		在合格标准内	按"1.6"检查	3
2	管座或垫层宽度、厚度		≥设计值	尺量：抽查 3 个断面	2
3	相邻管节底面错台（mm）	管径≤1m	3	尺量：检查 3~5 个接头	2
		管径>1m	5		

7.5.3 管座及涵管安装的外观鉴定

管壁顺直，接缝平整，填缝饱满，不符合要求时减1~3分。

7.6 盖板制作

7.6.1 盖板制作的基本要求

1. 混凝土所用的水泥、砂、石、水、外掺剂及混合料的质量和规格必须符合有关技术规范要求，按规定的配合比施工。

2. 分块施工时接缝应与沉降缝吻合。

3. 板体不得出现露筋和空洞现象。

7.6.2 盖板制作的实测项目，见表7.6.2。

盖板制作实测项目　　　　　　　　　表7.6.2

项次	检查项目		规定值或允许偏差	检查方法和频率	权值
1△	混凝土强度（MPa）		在合格标准内	按"1.6"检查	3
2△	高度（mm）	明涵	+10，-0	尺量：抽查30%的板，每板检查3个断面	2
		暗涵	不小于设计值		
3	宽度（mm）	现浇	±20		1
		预制	±10		
4	长度（mm）		+20，-10	尺量：抽查30%的板，每板检查两侧	1

7.6.3 盖板制作的外观鉴定

1. 混凝土表面平整，棱线顺直，无严重啃边、掉角。不符合要求时每处减0.5~2分。

176

2. 蜂窝、麻面面积不得超过该面面积的 0.5% ，不符合要求时，每超过 0.5% 减 3 分；深度超过 1cm 者必须处理。

3. 混凝土表面出现非受力裂缝，减 1 ~ 3 分，裂缝宽度超过设计规定或设计未规定时超过 0.15mm 必须处理。

7.7 盖板安装

7.7.1 盖板安装的基本要求

1. 安装前，盖板、涵台、墩及支承面检验必须合格。

2. 盖板就位后，板与支承面须密合，否则应重新安装。

3. 板与板之间接缝填充材料的规格和强度应符合设计要求，并与沉降缝吻合。

7.7.2 盖板安装的实测项目，见表 7.7.2。

盖板安装实测项目　　　　表 7.7.2

项次	检 查 项 目	规定值或允许偏差	检查方法和频率	权值
1	支承面中心偏位（mm）	10	尺量：每孔抽查 4 ~ 6 个	2
2	相邻板最大高差（mm）	10	尺量：抽查 20%	1

7.7.3 盖板安装的外观鉴定

板的填缝应平整密实，不符合要求时减 1 ~ 2 分。

7.8 箱涵浇筑

7.8.1 箱涵浇筑的基本要求

1. 混凝土所用的水泥、砂、石、水、外掺剂及混合材料的质量规格必须符合有关技术规范的要求，按规定的配合比施工。

2. 地基承载力及基础埋置深度须满足设计要求。

3. 箱体不得出现露筋和空洞现象。

7.8.2 箱涵浇筑的实测项目，见表7.8.2。

箱涵浇筑实测项目　　　　　表7.8.2

项次	检查项目		规定值或允许偏差	检查方法和频率	权值
1△	混凝土强度（MPa）		在合格标准内	按"1.6"检查	3
2	高度（mm）		+5，-10	尺量：检查3个断面	1
3	宽度（mm）		±30	尺量：检查3个断面	1
4	顶板厚（mm）	明涵	+10，-0	尺量：检查3~5处	2
		暗涵	不小于设计值		
5	侧墙和底板厚（mm）		不小于设计值	尺量：检查3~5处	1
6	平整度（mm）		5	2m直尺：每10m检查2处×3尺	1

7.8.3 箱涵浇筑的外观鉴定

同盖板制作外观鉴定相关规定。

7.9 倒虹吸竖井、集水井砌筑

7.9.1 倒虹吸竖井、集水井砌筑的基本要求

1. 砌块的质量和规格符合设计要求，砌筑砂浆所用材料符合规范要求。

2. 井基符合设计要求后方可砌筑井体。

3. 应分层错缝砌筑，砌缝砂浆应饱满。抹面时应压光，

不得有空鼓现象。

4. 接头填缝平整密实、不漏水。

5. 井内不得遗留建筑垃圾等杂物。

6. 按设计规定做灌水试验，试验结果应满足要求。

7.9.2 倒虹吸竖井、集水井砌筑的实测项目，见表7.9.2。

倒虹吸竖井、集水井砌筑实测项目 表7.9.2

项次	检查项目	规定值或允许偏差	检查方法和频率	权值
1△	砂浆强度（MPa）	在合格标准内	按"1.8"检查	3
2△	井底高程（mm）	±15	水准仪：测4点	2
3	井口高程（mm）	±20		1
4	圆井直径或方井边长（mm）	±20	尺量：2~3个断面	1
5△	井壁、井底厚（mm）	+20，−5	尺量：井壁4~8点，井底3点	1

7.9.3 倒虹吸竖井、集水井砌筑的外观鉴定

井壁平整、圆滑，抹面无麻面、裂缝。不符合要求时，减1~3分。

7.10 一字墙和八字墙

7.10.1 一字墙和八字墙的基本要求

1. 砂浆所用的水泥砂、水的质量应符合有关规范的要求，按规定的配合比施工。

2. 砌块的强度、规格和质量应符合有关规定。

3. 地基承载力及基础埋置深度必须满足设计要求。

4. 砌块应分层错缝砌筑，坐浆挤紧，嵌填饱满密实，不得有空洞。

5. 抹面应压光、无空鼓现象。

7.10.2 一字墙和八字墙的实测项目，见表7.10.2。

一字墙和八字墙实测项目 表7.10.2

项次	检查项目	规定值或允许偏差	检查方法和频率	权值
1△	砂浆强度（MPa）	在合格标准内	按"1.8"检查	4
2	平面位置（mm）	50	经纬仪；检查墙两端	1
3	顶面高程（mm）	±20	水准仪；检查墙两端	1
4	底面高程（mm）	±20	水准仪；检查墙两端	1
5	竖直度或坡度（%）	0.5	吊垂线；每墙检查2处	1
6△	断面尺寸（mm）	不小于设计	尺量；各墙两端断面	2

7.10.3 一字墙和八字墙的外观鉴定

1. 砌缝完好，无开裂现象：勾缝平顺，无脱落现象。不符合要求时减1~3分。

2. 砂浆抹面平整、直顺，无麻面、裂缝，色泽均匀。不符合要求时，减1~2分。

7.11 锥 坡

7.11.1 涵洞锥坡按4.7章锥、护坡评定。

8 隧 道 工 程

8.1 一 般 规 定

8.1.1 本标准适用于采用钻爆法施工的山岭隧道的检验评定。采用其他方法如盾构、掘进机、沉埋法施工的隧道的检验评定可参照本标准另行制定。

8.1.2 采用钻爆法施工、设计为复合式衬砌的隧道，承包商必须按照设计和施工规范要求的频率和量测项目进行监控量测，用量测信息指导施工并提交系统、完整、真实的量测数据和图表。

8.1.3 隧道洞口的开挖，应按照第2章路基土石方工程的标准进行检验评定；洞门和翼墙的浇（砌）筑和洞口边坡、仰坡防护按第4章挡土墙、防护及其他砌石工程的相应项目评定。

8.1.4 隧道路面的基层、面层，应按照路基、路面的标准进行检验评定。

8.1.5 长隧道每座为一个单位工程，多个中、短隧道可合并为一个单位工程，每座隧道分别评定后，按中隧道权值为2，短隧道权值为1，计算加权平均值作为该单位工程的得分。一般按围岩类别和衬砌类型每100m作为一个分项工程，紧急停车带单独作为一个分项工程。混凝土衬砌采用模板台车，宜按台车长度的倍数划分分项工程按以上方法划分分项工程时，分段长度可结合工程特点和实际情况进行调整，分段长度不足规定值时，不足部分单独作为一个分项工程。特长隧道的单位工程、分部工程和分项工程可根据具体情况另行划分。

8.1.6　隧道防排水工程施工质量应符合下列要求：

　　1. 高速公路、一级公路隧道和设有机电工程的一般公路隧道

　　1）隧道拱部、墙部、设备洞、车行横通道、人行横通道不渗水。

　　2）路面干燥无水。

　　3）洞内排水系统不淤积、不堵塞，确保捧水通畅。

　　4）严寒地区隧道衬砌背后不积水，捧水沟不冻结。

　　2. 其他公路隧道

　　1）拱部、边墙不滴水。

　　2）路面不冒水、不积水，设备箱洞处不渗水。

　　3）洞内捧水系统不淤积、不堵塞，确保捧水通畅。

　　4）严寒地区隧道衬砌背后不积水，路面干燥无水，排水沟不冻结。

8.1.7　隧道装饰应按《建筑装饰装修工程质量验收规范》GB 50210 制定相应的质量检验评定标准。

8.2　隧道总体

8.2.1　隧道总体的基本要求

　　1. 洞口设置应符合设计要求。

　　2. 必须按设计设置洞内外的捧水系统，不淤积、不堵塞。

3. 隧道防排水施工质量须符合第 8.1 节中隧道防排水工程施工质量的规定。

8.2.2 隧道总体的实测项目，见表 8.2.2。

隧道总体实测项目　　　　　表 8.2.2

项次	检查项目	规定值或允许偏差	检查方法和频率	权值
1	车行道（mm）	±10	尺量：每 20m（曲线）或 50m（直线）检查一次	2
2	净总宽（mm）	不小于设计	尺量：每 20m（曲线）或 50m（直线）检查一次	2
3△	隧道净高（mm）	不小于设计	水准仪：每 20m（曲线）或 50m（直线）测一个断面，每断面测拱顶和两拱腰 3 点	3
4	隧道偏位（mm）	20	全站仪或其他测量仪器：每 20m（曲线）或 50m（直线）检查 1 处	2
5	路线中心线与隧道中心线的衔接（mm）	20	分别将引道中心线和隧道中心线延长至两侧洞口，比较其平面位置	2
6	边坡、仰坡	不大于设计	坡度板：检查 10 处	1

注：净高有一点不合格时，该分项工程为不合格。

8.2.3 隧道总体的外观鉴定

洞内没有渗漏水现象。不符合要求时，视其严重程度，高速、一级公路隧道减 5~10 分，其他公路隧道减 1~5 分。冻融地区存在渗漏水现象时扣分取高限。

8.3 明洞浇筑

8.3.1 明洞浇筑的基本要求

1. 水泥、砂、石、水及外掺剂的质量须符合设计和规范要求，按规定的配合比施工。

2. 寒冷地区混凝土骨料应按有关规定进行抗冻试验，结果应符合规范要求。

3. 基础的地基承载力须满足设计和规范要求，严禁超挖回填虚土。

4. 钢筋的加工、接头、焊接和安装以及混凝土的拌制、运输、灌注、养护、拆模均须符合设计和规范要求。

5. 明洞与暗洞应连接良好，符合设计和规范要求。

8.3.2 明洞浇筑的实测项目见表 8.3.2。

明洞浇筑实测项目　　　　　　　　　　表 8.3.2

项次	检查项目	规定值或允许偏差	检查方法和频率	权值
1△	混凝土强度（MPa）	在合格标准内	按"1.6"检查	3
2△	混凝土厚度（mm）	不小于设计	尺量或地质雷达：每20m检查一个断面，每个断面自拱顶每3m检查1点	3
3	混凝土平整度（mm）	20	2m 直尺：每 10m 每侧检查 2 处	1

8.3.3 明洞浇筑的外观鉴定

1. 混凝土表面密实，每延米的隧道面积中，蜂窝麻面和气泡面积不超过 0.5%。不符合要求时，每超过 0.5% 减

184

0.5~1分。蜂窝麻面深度超过5mm时不论面积大小，发现一处减1分。深度超过10mm时应处理。

2. 结构轮廓线条顺直美观，混凝土颜色均匀一致。不符合要求时减1~3分。

3. 施工缝平顺无错台。不符合要求时每处减1~2分。

4. 混凝土因施工养护不当产生裂缝，每条裂缝减0.5~2分。

8.4 明洞防水层

8.4.1 明洞防水层的基本要求

1. 防水材料的质量、规格等应符合设计和规范要求。

2. 防水层施工前，明洞混凝土外部应平整，不得有钢筋露出。

3. 明洞外模拆除后应立即做好防水层和纵向盲沟。

8.4.2 明洞防水层的实测项目，见表8.4.2。

防水层实测项目 表8.4.2

项次	检查项目	规定值或允许偏差	检查方法和频率	权值
1	搭接长度（mm）	≥100	尺量：每环测3处	2
2	卷材向隧道延伸长度（mm）	≥500	尺量：检查5处	2
3	卷材于基底的横向长度（mm）	≥500	尺量：检查5处	2
4	沥青防水层每层厚度（mm）	2	尺量：检查10点	3

8.4.3 明洞防水层的外观鉴定

防水卷材无破损，接合处无气泡、折皱和空隙。不符合要求时，一处减1分，并采取修补措施或返工处理。

8.5 明洞回填

8.5.1 明洞回填的基本要求

1. 墙背回填应两侧同时进行。

2. 人工回填时，拱圈混凝土的强度应达到设计强度的75%。机械回填时，拱圈混凝土强度应达到设计强度，且拱圈外人工夯填厚度不小于1.0m。

3. 明洞黏土隔水层应与边坡、仰坡搭接良好，封闭紧密。

8.5.2 明洞回填的实测项目，见表8.5.2。

明洞回填实测项目　　　　　　表8.5.2

项次	检查项目	规定值或允许偏差	检查方法和频率	权值
1	回填层厚（mm）	≤300	尺量：回填一层检查一次，每次每侧检查5点	2
2	两侧回填高差（mm）	≤500	水准仪：每层测3次	2
3	坡度	不大于设计	尺量：检查3处	1
4△	回填压实质量	压实质量符合设计要求	层厚及碾压遍数	3

8.5.3 明洞回填的外观鉴定

坡面平顺、密实，捧水通畅。不符合要求时减1~2分。

8.6 洞身开挖

8.6.1 洞身开挖的基本要求

1. 不良地质段开挖前应做好预加固、预支护。

2. 当前方地质出现变化迹象或接近围岩分界线时，必须用地质雷达、超前小导坑、超前探孔等方法先探明隧道的工程地质和水文地质情况，才能进行开挖。

3. 应严格控制欠挖。当石质坚硬完整且岩石抗压强度大于 30MPa 并确认不影响衬砌结构稳定和强度时，允许岩石个别凸出部分（每 $1m^2$ 不大于 $0.1m^2$）凸入衬砌断面，锚喷支护时凸入不大于 30mm，衬砌时不大于 50mm，拱脚、墙脚以上 1m 内严禁欠挖。

4. 开挖轮廓要预留支撑沉落量及变形量，并利用量测反馈信息进行及时调整。

5. 隧道爆破开挖时应严格控制爆破震动。

6. 洞身开挖在清除浮石后应及时进行初喷支护。

8.6.2　洞身开挖的实测项目，见表 8.6.2。

洞身开挖实测项目　　　　表 8.6.2

项次	检查项目		规定值或允许偏差	检查方法和频率	权值
1△	拱部超挖（mm）	破碎岩、土（Ⅰ、Ⅱ类围岩）	平均 100,最大 150	激光断面仪：每 20m 抽一个断面，测点间距 ≤1m	3
		中硬岩、软岩（Ⅲ、Ⅳ、Ⅴ类围岩）	平均 150,最大 250		
		硬岩（Ⅵ类围岩）	平均 100,最大 200		
2	边墙宽度（mm）	每　侧	+100,-0		2
		全　宽	+200,-0		
3	边墙、仰拱、隧底超挖（mm）		平均 100,最大 250	水准仪：每 20m 检查 3 处	1

187

8.6.3 洞身开挖的外观鉴定

洞顶无浮石。不符合要求时每处减 1 分并及时清除。

8.7 （钢纤维）喷射混凝土支护

8.7.1 （钢纤维）喷射混凝土支护的基本要求

1. 材料必须满足规范或设计要求。
2. 喷射前要检查开挖断面的质量，处理好超欠挖。
3. 喷射前，岩面必须清洁。
4. 喷射混凝土支护应与围岩紧密粘接，结合牢固，喷层厚度应符合要求，不能有空洞，喷层内不容许添加片石和木板等杂物，必要时应进行粘结力测试。喷射混凝土严禁挂模喷射。受喷面必须是原岩面。
5. 支护前应做好择水措施，对渗漏水孔洞、缝隙应采取引排、堵水措施，保证喷射混凝土质量。
6. 采用钢纤维喷射混凝土时，钢纤维抗拉强度不得低于 380MPa，且不得有油渍及明显的锈蚀。钢纤维直径宜为 0.3~0.5mm，长度为 20~25mm，且不得大于 25mm。钢纤维含量宜为混合料质量的 1%~3%。

8.7.2 （钢纤维）喷射混凝土支护的实测项目见表 8.7.2。

（钢纤维）喷射混凝土支护实测项目 表 8.7.2

项次	检查项目	规定值或允许偏差	检查方法和频率	权值
1△	喷射混凝土强度（MPa）	在合格标准内	按"1.7"检查	3

项次	检查项目	规定值或允许偏差	检查方法和频率	权值
2△	喷层厚度（mm）	平均厚度≥设计厚度；检查点的60%≥设计厚度；最小厚度≥0.5设计厚度，且≥50	凿孔法或雷达检测仪：每10m检查一个断面，每个断面从拱顶中线起每3m检查1点	2
3△	空洞检测	无空洞，无杂物	凿孔或雷达检测仪：每10m检查一个断面，每个断面从拱顶中线起每3m检查1点	2

注：发现一处空洞本分项工程为不合格。

8.7.3 （钢纤维）喷射混凝土支护的外观鉴定

无漏喷、离鼓、裂缝、钢筋网外露现象，不符合要求时减2～5分并返工处理。

8.8 锚杆支护

8.8.1 锚杆支护的基本要求

1. 锚杆的材质、类型、规格、数量、质量和性能必须符合设计和规范的要求。

2. 锚杆插入孔内的长度不得短于设计长度的95%。

3. 砂浆锚杆和注浆锚杆的灌浆强度应不小于设计和规范要求，锚杆孔内灌浆密实饱满。

4. 锚杆垫板应满足设计要求，垫板应紧贴围岩，围岩不平时要用M10砂浆填平。

5. 锚杆应垂直于开挖轮廓线布设。对沉积岩，锚杆应尽量垂直于岩层面。

8.8.2 锚杆支护的实测项目，见表8.8.2。

锚杆支护实测项目 表8.8.2

项次	检查项目	规定值或允许偏差	检查方法和频率	权值
1△	锚杆数量（根）	不少于设计	按分项工程统计	3
2	锚杆拔力（kN）	28d拔力平均值≥设计值，最小拔力≥0.9设计值	按锚杆数1%且不小于3根做拔力试验	2
3	孔位（mm）	±50	尺量：检查锚杆数的10%	2
4	钻孔深度（mm）	±50	尺量：检查锚杆数的10%	2
5	孔径（mm）	砂浆锚杆：大于杆体直径+15；其他锚杆：符合设计要求	尺量：检查锚杆数的10%	2
6	锚杆垫板	与岩面紧贴	检查锚杆数的10%	1

8.8.3 锚杆支护的外观鉴定

钻孔方向应尽量与围岩和岩层主要结构面垂直，锚杆垫板与岩面紧贴。不符合要求时减1~3分。

8.9 钢筋网支护

8.9.1 钢筋网支护的基本要求

1. 所用材料、规格、尺寸等应符合设计要求。

2. 采用双层钢筋网时，第二层钢筋网应在第一层钢筋网被混凝土覆盖后铺设。

8.9.2 钢筋网支护的实测项目见表8.9.2。

钢筋网支护实测项目　　　　表8.9.2

项次	检查项目	规定值或允许偏差	检查方法和频率	权值
1△	网格尺寸（mm）	±10	尺量：每50m² 检查2个网眼	3
2	钢筋保护层厚（mm）	≥10	凿孔检查：每20m检查5点	2
3	与受喷岩面的间隙（mm）	≤30	尺量：每20m检查10点	2
4	网的长、宽（mm）	±10	尺量	1

8.9.3 钢筋网支护的外观鉴定

钢筋网与锚杆或其他固定装置连接牢固，喷射混凝土时不得晃动。不符合要求时减 1~3 分。

8.10　仰　　拱

8.10.1 仰拱的基本要求

1. 仰拱应结合拱墙施工及时进行，使支护结构尽快封闭。

2. 仰拱浇筑前应清除积水、杂物、虚渣等。

3. 仰拱超挖严禁用虚土、虚渣回填。

8.10.2 仰拱的实测项目，见表8.10.1。

仰拱实测项目　　　　表8.10.1

项次	检查项目	规定值或允许偏差	检查方法和频率	权值
1△	混凝土强度（MPa）	在合格标准内	按"1.6"检查	3

项次	检查项目	规定值或允许偏差	检查方法和频率	权值
2△	仰拱厚度（mm）	不小于设计	水准仪：每20m检查一个断面，每个断面检查5点	3
3	钢筋保护层厚度（mm）	≥50	凿孔检查：每20m检查一个断面，每个断面检查3点	1

8.10.3 仰拱的外观鉴定

混凝土表面密实，无露筋。不符合要求时每处减2分并进行处理。

8.11 混凝土衬砌

8.11.1 混凝土衬砌的基本要求

1. 所用材料、规格必须满足规范和设计要求。

2. 防水混凝土必须满足设计和规范的要求。

3. 防水混凝土粗集料尺寸不应超过规定值。

4. 基底承载力应满足设计要求，对基底承载力有怀疑时应做承载力试验。

5. 拱墙背后的空隙必须回填密实。因严重超挖和塌方产生的空洞要制定具体处理方案，经批准后实施。

8.11.2 混凝土衬砌的实测项目，见表 8.11.2。

混凝土衬砌实测项目   表 8.11.2

项次	检查项目	规定值或允许偏差	检查方法和频率	权值
1△	混凝土强度（MPa）	在合格标准内	按"1.6"检查	3
2△	衬砌厚度（mm）	不小于设计值	激光断面仪或地质雷达：每40m检查一个断面	3
3	墙面平整度（mm）	20	2m 直尺：每40m 每侧检查 5 处	1

8.11.3 混凝土衬砌的外观鉴定

1. 混凝土表面密实，每延米的隧道面积中，蜂窝麻面和气泡面积不超过 0.5%。不符合要求时，每超过 0.5% 减 0.5~1 分。蜂窝麻面深度超过 5mm 时不论面积大小，一处减 1 分。深度超过 10mm 时应处理。

2. 结构轮廓线条顺直美观，混凝土颜色均匀一致。不符合要求时减 1~3 分。

3. 施工缝平顺无错台。不符合要求时每处减 1~2 分。

4. 混凝土因施工养护不当产生裂缝，每条裂缝减 0.5~2 分。

8.12 钢支撑支护

8.12.1 钢支撑支护的基本要求

1. 钢支撑的形式、制作和架设应符合设计和规范要求。

2. 钢支撑之间必须用纵向钢筋连接，拱脚必须放在牢固的基础上。

3. 拱脚标高不足时，不得用块石、碎石砌垫，而应设置钢板进行调整，或用混凝土浇筑，混凝土强度不小于C20。

4. 钢支撑应靠紧围岩，其与围岩的间隙，不得用片石回填，而应用喷射混凝土填实。

8.12.2 钢支撑支护的实测项目，见表8.12.2。

钢支撑支护实测项目 表8.12.2

项次	检查项目		规定值或允许偏差	检查方法和频率	权值
1△	安装间距（mm）		50	尺量：每榀检查	3
2	保护层厚度（mm）		≥20	凿孔检查：每榀自拱顶每3m检查一点	2
3	倾斜度（°）		±2	测量仪器检查每榀倾斜度	1
4	安装偏差（mm）	横向	±50	尺量：每榀检查	1
		竖向	不低于设计标高		
5	拼装偏差（mm）		±3	尺量：每榀检查	1

8.12.3 钢支撑支护的外观鉴定

无污秽、无锈蚀和假焊，安装时基底无虚渣及杂物，接头连接牢靠。不符合要求时减1～5分。

8.13 衬砌钢筋

8.13.1 衬砌钢筋的基本要求

钢筋的品种、规格、形状、尺寸、数量、间距、接头位置必须符合设计要求和有关标准的规定。

8.13.2 衬砌钢筋的实测项目，见表 8.13.2。

衬砌钢筋实测项目　　　　表 8.13.2

项次	检 查 项 目			规定值或允许偏差	检查方法和频率	权值
1△	主筋间距（mm）			±10	尺量：每 20m 检查 5 点	3
2	两层钢筋间距（mm）			±5	尺量：每 20m 检查 5 点	2
3	箍筋间距（mm）			±20	尺量：每 20m 检查 5 处	1
4	绑扎搭接长度	受拉	I 级钢	30d	尺量：每 20m 检查 3 个接头	1
			II 级钢	35d		
		受压	I 级钢	20d		
			II 级钢	25d		
5	钢筋加工	钢筋长度（mm）		−10，+5	尺量：每 20m 检查 2 根	1

8.13.3 衬砌钢筋的外观鉴定

无污秽、无锈蚀。不符合要求时减 1～3 分。

8.14 防 水 层

8.14.1 防水层的基本要求

1. 防水材料的质量、规格、性能等必须符合设计和规范要求。

2. 防水卷材铺设前要对喷射混凝土基面进行认真地检查，不得有钢筋凸出的管件等尖锐突出物；割除尖锐突出物后，割除部位用砂浆抹平顺。

195

3. 隧道断面变化处或转弯处的阴角应抹成半径不小于50mm 的圆弧。

4. 防水层施工时，基面不得有明水；如有明水，应采取措施封堵或引撑。

8.14.2 防水层的实测项目，见表8.14.2。

防水层实测项目 表8.14.2

项次	检查项目		规定值或允许偏差	检查方法和频率	权值
1	搭接宽度（mm）		≥100	尺量：全部搭接均要检查，每个搭接检查3处	2
2	缝宽（mm）	焊接	两侧焊缝宽≥25	尺量：每个搭接检查5处	2
		粘接	粘缝宽≥50		
3	固定点间距（mm）		符合设计要求	尺量：检查总数的10%	1

8.14.3 防水层的外观鉴定

1. 防水层表面平顺，无折皱、无气泡、无破损等现象，与洞壁密贴，松紧适度，无紧绷现象，不符合要求时每处减1～3分。

2. 接缝、补眼粘贴密实饱满，不得有气泡、空隙。不符合要求时每处减1～3分。

8.15 止 水 带

8.15.1 止水带的基本要求

1. 止水带的材质、规格等应满足设计和规范要求。

196

2. 止水带与衬砌端头模板应正交。

8.15.2 止水带的实测项目，见表8.15.2。

止水带实测项目   表8.15.2

项次	检查项目	规定值或允许偏差	检查方法和频率	权值
1	纵向偏离（mm）	±50	尺量：每环3处	1
2	偏离衬砌中心线（mm）	≤30	尺量：每环3处	1

8.15.3 止水带的外观鉴定

1. 发现破裂应及时修补。不符合要求时减1~3分。

2. 衬砌脱模后，若发现因走模致使止水带过分偏离中心，应适当凿除或填补部分混凝土，对止水带进行纠偏。不符合要求时减1~3分。

8.16 排 水

8.16.1 排水的基本要求

1. 墙背泄水孔必须伸入盲沟内，泄水孔进口标高以下超挖部分应用同级混凝土或不透水材料回填密实。

2. 排水管接头应密封牢固，不得出现松动。

3. 严寒地区保温水沟施工时应有防潮措施。修筑的深埋渗水沟，回填材料除应满足保温，透水性好的要求外，水沟周侧应用级配骨料分层回填，石屑、泥砂不得渗入沟内。排水设施应设置在冻胀线以下。

8.16.2 排水的实测项目

排水结构物（如浆砌片石水沟，现浇混凝土等）按照第5章排水工程相应项目检验评定。

8.16.3 排水的外观鉴定

水沟和检查井盖板平稳无翘曲。不符合要求时每处减1~3分。

8.17 超前锚杆

8.17.1 超前锚杆的基本要求

1. 锚杆材质、规格等应符合设计和规范要求。

2. 超前锚杆与隧道轴线外插角宜为 5°~10°，长度应大于循环进尺宜为 3~5m。

3. 超前锚杆与钢架支撑配合使用时，应从钢架腹部穿过，尾端与钢架焊接。

4. 锚杆插入孔内的长度不得短于设计长度的 95%。

5. 锚杆搭接长度应不小于 1m。

8.17.2 超前锚杆的实测项目，见表8.17.2。

超前锚杆实测项目   表 8.17.2

项次	检查项目	规定值或允许偏差	检查方法和频率	权值
1	长度（m）	不小于设计	尺量：检查锚杆数的10%	2
2	孔位（mm）	±50	尺量：检查锚杆数的10%	2
3	钻孔深度（mm）	±50	尺量：检查锚杆数的10%	2
4	孔径（mm）	符合设计要求	尺量：检查锚杆数的10%	2

8.17.3 超前锚杆的外观鉴定

锚杆沿开挖轮廓线周边均匀布置，尾端与钢架焊接牢固，锚杆入孔长度符合要求。不符合要求时每处减3~5分。

8.18 超前钢管

8.18.1 超前钢管的基本要求

1. 钢管的型号、规格、质量等应符合设计和规范要求。

2. 超前钢管与钢架支撑配合使用时，应从钢架腹部穿过，尾端与钢架焊接。

8.18.2 超前钢管的实测项目，见表8.18.2。

超前钢管实测项目　　　　　　　表8.18.2

项次	检查项目	规定值或允许偏差	检查方法和频率	权值
1	长度（m）	不小于设计	尺量：检查10%	2
2	孔位（mm）	±50	尺量：检查10%	2
3	钻孔深度（mm）	±50	尺量：检查10%	2
4	孔径（mm）	符合设计要求	尺量：检查10%	2

8.18.3 超前钢管的外观鉴定

钢管沿开挖轮廓线周边均匀布置，尾端与钢架焊接牢固，入孔长度符合要求。不符合要求时减1~5分。

9 交通安全设施

9.1 一般规定

9.1.1 交通安全设施产品须经有资质的检测机构检测，取得合格证，并经工地检验确认满足设计要求后方可使用。

9.1.2 用绿篱作隔离栅时，其质量和检验评定标准可参照第 12 章的有关规定。

9.1.3 桥梁混凝土护栏见第 6 章的有关规定。

9.1.4 本章未包括的其他交通安全设施工程项目，可根据设计文件和其他相关规范另行制订检验评定标准。

9.1.5 交通安全设施采用钢质材料时，必须进行防腐处理。

9.1.6 构件用螺栓组合时，材料的规格与质量应符合设计要求。

9.2 交通标志

9.2.1 交通标志的基本要求

1. 交通标志的制作应符合《道路交通标志和标线》GB 5768.2 和《公路交通标志板》JT/T 279 的规定。

2. 交通标志在运输、安装过程中不应损伤标志面及金属构件的镀层。

3. 标志的位置、数量及安装角度应符合设计要求。

200

4. 大型标志的地基承载力应符合设计要求。大型标志柱、梁的焊接部分应符合钢结构焊接规范的质量要求，无裂缝、未熔合、夹渣等缺陷。

5. 标志面应平整完好，无起皱、开裂、缺损或凹凸变形，标志面任一处面积为 50cm×50cm 表面上，不得存在总面积大于 $10mm^2$ 的一个或一个以上气泡。

6. 反光膜应尽可能减少拼接，任何标志的字符不允许拼接，当标志板的长度或宽度、圆形标志的直径小于反光膜产品的最大宽度时，底膜不应有拼接缝。当粘贴反光膜不可避免出现接缝时，应按反光膜产品的最大宽度进行拼接。

9.2.2 交通标志的实测项目，见表9.2.2。

交通标志实测项目　　　　　表9.2.2

项次	检查项目	规定值或允许偏差	检查方法和频率	权值
1	标志板外形尺寸（mm）	±5。当边长尺寸大于 1.2m 时允许偏差为边长的 ±0.5%；三角形内角应为 60°±5°	钢卷尺、万能角尺、卡尺：检查100%	1
	标志底板厚度（mm）	不小于设计		
2	标志汉字、数字、拉丁字的字体及尺寸（mm）	应符合规定字体，基本字高不小于设计	字体与标准字体对照，字高用钢卷尺：检查10%	1
3△	标志面反光膜等级及逆反射系数（cd.1x-1·m-2）	反光膜等级符合设计。逆反射系数值不低于 JT/T 279《公路交通标志板技术条件》规定	反光膜等级用目测初定。便携式测定仪：检查100%	2

项次	检查项目	规定值或允许偏差	检查方法和频率	权值
4	标志板下缘至路面净空高度及标志板内缘距路边缘距离（mm）	+100，0	直尺、水平尺或经纬仪：检查100%	1
5	立柱竖直度（mm/m）	±3	垂线、直尺：检查	1
6△	标志金属构件镀层厚度（um）	标志柱、横梁≥78，紧固件≥50	测厚仪：检查100%	2
7	标志基础尺寸（mm）	−50，+100	钢尺、直尺：检查	1
8	基础混凝土强度	在合格标准内	基础施工同时做试件每处1组（3件）：检查100%	1

9.2.3 交通标志的外观鉴定

1. 标志板安装后应平整，夜间在车灯照射下，标志板底色和字符应清晰明亮，颜色均匀，不应出现明暗不均的现象，不能影响标志的认读。标志板有明显明暗不均现象时每一标志减2分。

2. 标志反光膜采用拼接时，重叠部分不应小于5mm。当采用平接时，其间隙不应超过1mm。距标志板边缘50mm之内，有接缝不符合要求时，每处减2分。

3. 标志金属构件镀层应均匀、颜色一致，不允许有流挂、滴瘤或多余结块，镀件表面应无漏镀、露铁等缺陷。不符合要求时，每一构件减2分。

9.3 路面标线

9.3.1 路面标线的基本要求

1. 路面标线涂料应符合《路面标线涂料》JT/T 280 的规定。

2. 路面标线喷涂前应仔细清洁路面，表面干燥，无起灰现象。

3. 路面标线的颜色、形状和设置位置应符合《道路交通标志和标线》GB 5768.3 的规定和设计要求。

9.3.2 路面标线的实测项目，见表9.3.2。

路面标线实测项目   表 9.3.2

项次	检查项目		规定值或允许偏差	检查方法和频率	权重
1	标线线段长度（mm）	6000	±50	钢卷尺；抽检10%	1
		4000	±40		
		3000	±30		
		1000~2000	±20		
2	标线宽度（mm）	400~450	钢卷尺：抽检10%	钢尺：抽检10%	1
		150~200	+8, 0		
		100	+5, 0		
3△	标线厚度（mm）	常温型（0.12~0.2）	-0.03, +0.10	湿膜厚度计，干膜用水平尺、塞尺或用卡尺抽检10%	2
		加热型（0.20~0.4）	-0.05, +0.15		
		热熔型（1.0~4.50）	-0.10, +0.50		

203

项次	检查项目		规定值或允许偏差	检查方法和频率	权重
4	标线横向偏位（mm）		±30	钢卷尺：抽检10%	1
5	标线纵向间距（mm）	·9000	±45	钢卷尺：抽检10%	1
		6000	±30		
		4000	±20		
		3000	±15		
6	标线剥落面积		检查总面积的 0~3%	4倍放大镜:目测检查	1
7△	反光标线逆反射系数（cd. 1x－1. M－2）		白色标线≥150 黄色标线≥100	反光标线逆反射系数测量仪：抽检10%	2

9.3.3 标线的外观鉴定

1. 标线施工污染路面应及时清理。每处污染面积不超过 10cm^2，不符合要求时，每处减1分。

2. 标线线形应流畅，与道路线形相协调，不允许出现折线，曲线圆滑。不符合要求时，每处减2分。

3. 反光标线玻璃珠应撒布均匀，附着牢固，反光均匀。不符合要求时，每处减2分。

4. 标线表面不应出现网状裂缝、断裂裂缝、起泡现象。不符合要求时，每处减1分。

9.4 波形梁钢护栏

9.4.1 波形梁钢护栏的基本要求

1. 波形梁钢护栏产品应符合《公路波形梁钢护栏》JT/T 281 及《公路三波形梁钢护栏》JT/T 457 的规定。

2. 护栏立柱、波形梁、防阻块及托架的安装应符合设计和施工的要求。

3. 为保证护栏的整体强度，路肩和中央分隔带的土基压实度不应小于设计值。达不到压实度要求的路段不应进行护栏立柱打入施工。石方路段和挡土墙上的护栏立柱的埋深及基础处理应符合设计要求。

4. 波形梁护栏的端头处理及与桥梁护栏过渡段的处理应满足设计要求。

9.4.2 波形梁钢护栏的实测项目，见表9.4.2。

波形梁钢护栏实测项目 表 9.4.2

项次	检 查 项 目	规定值或允许偏差	检查方法和频率	权值
1△	波形梁板基底金属厚度（mm）	±0.16	板厚千分尺：抽检5%	2
2△	立柱壁厚（mm）	4.5±0.25	测厚仪、千分尺：抽检5%	2
3△	镀（涂）层厚度（um）	符合设计	测厚仪：抽检10%	2
4	拼接螺栓（45号钢）抗拉强度（MPa）	≥600	抽样做拉力试验，每批3组	1
5	立柱埋入深度	符合设计规定	过程检查，尺量：抽检10%	
6	立柱外边缘距路肩边线距离（mm）	±20	尺量：抽检10%	1
7	立柱中距（mm）	±50	钢卷尺：抽检10%	1
8△	立柱竖直度（mm/m）	±10	垂线、尺量：抽检10%	2
9△	横梁中心高度（mm）	±20	尺量：抽检10%	2
10△	护栏顺直度（mm/m）	±5	拉线、尺量：抽检10%	2

9.4.3　波形梁钢护栏的外观鉴定

1. 焊接钢管的焊缝应平整，无焊渣、突起。构件镀锌层表面应均匀完整、颜色一致，表面具有实用性光滑，不得有流挂、滴瘤或多余结块。镀件表面应无漏镀、露铁、擦痕等缺陷。构件镀铝层表面应连续，不得有明显影响外观质量的熔渣、色泽暗淡及假浸、漏浸等缺陷。构件涂塑层应均匀光滑、连续，无肉眼可分辨的小孔、空间、孔隙、裂缝、脱皮及其他有害缺陷。不符合要求时每处减2分。

2. 直线段护栏不得有明显的凹凸、起伏现象，曲线段护栏应圆滑顺畅，与线形协调一致，中央分隔带开口端头护栏的抛物线形应与设计图相符。不符合要求时每处减2分。

3. 波形梁板搭接方向正确，搭接平顺，垫圈齐备，螺栓紧固。不符合要求时每处减2分。

4. 防阻块、托架、端头的安装应与设计图相符，安装到位，不得有明显变形、扭转、倾斜。不符合要求时每处减2分。

5. 波形梁板和立柱不得现场焊割和钻孔，不符合要求时每处减2分。

6. 立柱及柱帽安装牢固，其顶部应无明显塌边、变形、开裂等缺陷。不符合要求时每处减2分。

9.5　混凝土护栏

9.5.1　混凝土护栏的基本要求

1. 混凝土所用的水泥、砂、石、水及外掺剂的质量、规格必须符合有关规范的要求，按规定的配合比施工。

2. 混凝土护栏预制块件在吊装、运输、安装过程中，不得断裂。

3. 各混凝土护栏块件之间、护栏与基础之间的连接应符合设计要求。

4. 混凝土护栏块件标准段、混凝土护栏起终点及其他开口处的混凝土护栏块件的几何尺寸应符合设计要求。

5. 混凝土护栏的地基强度、埋入深度应符合设计要求。

6. 混凝土护栏块件的损边、掉角长度每处不得超过20mm，否则应予及时修补。

9.5.2 混凝土护栏的实测项目，见表9.5.2。

混凝土护栏实测项目 表 9.5.2

项次	检查项目		规定值或允许偏差	检查方法和频率	权值
1△	护栏混凝土强度（MPa）		在合格标准内	按"1.6"检查	2
2	地基压实度（%）		符合设计要求	现场检查	1
3	护栏断面尺寸（mm）	高度	±10	尺量：抽检10%	1
		顶宽	±5		
		底宽	±5		
4	基础平整度（mm）		10	水平尺：检查100%	1
5△	轴向横向偏位（mm）		±20 或符合设计要求	尺量：抽检10%	2
6	基础厚度（mm）		±10%H	过程检查，尺量：检查100%	1

9.5.3 混凝土护栏的外观鉴定

1. 混凝土护栏块件之间的错位不大于5mm。不符合要求时每处减2分。

2. 混凝土护栏外观、色泽均匀一致，表面的蜂窝麻面、裂缝、脱皮等缺陷面积不超过该面面积的 0.5 %，不符合要求时每超过 0.5% 减 2 分；深度不超过 10mm，不符合要求时每处减 2 分。

3. 护栏线形适顺，直线段不允许有明显的凹凸现象，曲线段护栏应圆滑顺畅，与线形协调一致。中央分隔带开口端头护栏尺寸应与设计图相符。不符合要求时每处减 2 分。

9.6 突 起 路 标

9.6.1 突起路标的基本要求

1. 突起路标产品应符合《突起路标》JT/T 390 的规定。

2. 突起路标的布设及其颜色应符合《道路交通标志和标线》GB 5768.2 的规定或符合设计要求。

3. 突起路标与路面的粘结应牢固、耐久，能经受汽车轮胎的冲击而不会脱落。

4. 突起路标应在路面干燥、清洁，并经测量定位后施工。

9.6.2 突起路标的实测项目，见表 9.6.2。

突起路标实测项目　　　表 9.6.2

项次	检查项目	规定值或允许偏差	检查方法和频率	权值
1	安装角度（°）	±5	角尺：抽检 10%	1
2	纵向间距（mm）	±50	尺量：抽检 10%	1
3△	损坏及脱落个数	<0.5%	检查损坏及脱落个数，抽检 30%	2
4△	横向偏位（mm）	±50	尺量：抽检 10%	2
5	承受压力（kN）	>160	检查测试记录	1
6△	光度性能	在规定范围内	检查测试报告	2

9.6.3 突起路标的外观鉴定

1. 突起路标外观应美观，尺寸符合有关规范要求，表面光滑，不得有尖角、毛刺存在，表面无明显的划伤、裂纹。不符合要求时每处减 2 分。

2. 突起路标纵向安装应成直线，不得出现折线。曲线段的突起路标应与道路曲线相吻合，线形圆滑、顺畅。不符合要求时每处减 2 分。

3. 突起路标粘结剂不得造成路面污染，不符合要求时每处减 2 分。

9.7 轮 廓 标

9.7.1 轮廓标的基本要求

1. 轮廓标产品应符合《轮廓标》JT/T 388 的规定。

2. 轮廓标的布设应符合设计及施工规范的要求。

3. 柱式轮廓标的基础混凝土强度、基础尺寸应符合设计要求。

4. 柱式轮廓标安装牢固，逆反射材料表面与行车方向垂直，色度性能和光度性能与设计相符。

9.7.2 轮廓标的实测项目，见表 9.7.2。

轮廓标实测项目   表 9.7.2

项次	检查项目	规定值或允许偏差	检查方法和频率	权值
1	柱式轮廓标尺寸（mm）	三角形断面：底边允许偏差为 ±5，三角形高允许偏差为 ±5；柱式轮廓标总长允许偏差为 ±10	尺量：抽检 10%	1

项次	检查项目	规定值或允许偏差	检查方法和频率	权值
2	安装角度（°）	0～5	花杆、十字架、卷尺、万能角尺；抽检10%	1
3	反射器中心高度（mm）	±20	尺量；抽检10%	1
4 △	反射器外形尺寸（mm）	±5	卡尺、直尺，抽检10%	2
5 △	光度性能	在合格标准内	检查检测报告	2

9.7.3 轮廓标的外观鉴定

1. 轮廓标不应有明显的划伤、裂纹、损边、掉角等缺陷。表面应平整光滑无明显凹痕或变形。不符合要求时每处减2分。

2. 轮廓标安装牢固，线形顺畅。不符合要求时每处减2分。

3. 柱式轮廓标的垂直度不超过±8mm/m。不符合要求时每处减1分。

9.8 防眩设施

9.8.1 防眩设施的基本要求

1. 防眩设施的材质、镀锌量应符合《公路防眩设施技术条件》JT/T 333及设计和施工规范的要求。

2. 防眩设施整体应与道路线形相一致，美观大方，结构合理。

3. 防眩设施的几何尺寸及遮光角应符合设计要求。

4. 防眩板的平面弯曲度不得超过板长的 0.3%。

5. 防眩设施安装牢固。

.8.2 防眩设施的实测项目，见表 9.8.2。

防眩设施实测项目　　　　表 9.8.2

项次	检查项目	规定值或允许偏差	检查方法和频率	权值
1△	安装相对高度(mm)	±10	尺量:抽检 5%	2
2	镀(涂)层厚度	符合设计	涂层测厚仪:抽检 5%	1
3	防眩板宽度(mm)	±5	尺量:抽检 5%	1
4	防眩板设置间距(mm)	±10	尺量:抽检 10%	1
5	竖直度(mm/m)	±5	垂线、尺量:抽检 10%	1
6△	顺直度(mm/m)	±8	拉线、尺量:抽检 10%	2

).8.3 防眩设施的外观鉴定

1. 防眩板表面不得有气泡、裂纹、疤痕、端面分层等缺陷。不符合要求时，每处减 2 分。

2. 防眩设施色泽均匀，不符合要求时，每处减 2 分。

9.9 隔离栅和防落网

9.9.1 隔离栅和防落网的基本要求

1. 隔离栅和防落网用的材料规格及防腐处理应符合《隔离栅》JT/T 374 及设计和施工规范的规定。

2. 用金属网制作的隔离栅和防落网，安装后要求网面平整，无明显翘曲现象。刺铁丝的中心垂度小于 15mm。

3. 防落网应网孔均匀,结构牢固,围封严实。

4. 金属立柱弯曲度超过 8mm/m,有明显变形、卷边划痕等缺陷者,及混凝土立柱折断者均不得使用。

5. 立柱埋深应符合设计要求。立柱与基础、立柱与网之间的连接应稳固。混凝土基础强度不小于设计要求。

6. 隔离栅起终点应符合端头围封设计的要求。

9.9.2 隔离栅和防落网的实测项目,见表 9.9.2。

隔离栅和防落网实测项目　　　表 9.9.2

项次	检查项目	规定值或允许偏差	检查方法和频率	权值
1	高度（mm）	±15	尺量：每 100 根测 2 根	1
2△	镀（涂）层厚度（um）	符合设计	测厚仪：抽检 5%	2
3△	网面平整度（mm/m）	±2	直尺、塞尺：抽检 5%	2
4△	立柱埋深	符合设计	过程检查,尺量：抽检,10%	2
5	立柱中距（mm）	±30	尺量：每 100 根测 2 根	1
6△	混凝土强度（MPa）	在合格标准内	基础施工同时做试件每工作班作 1 组（3 件）,检查试件的强度,抽检 10%	2
7	立柱竖直度（mm/m）	±8	垂线、尺量：每 100 根测 2 根	1

9.9.3 隔离栅和防落网的外观鉴定

1. 电焊网不得脱焊、虚焊。不符合要求时每处减 2 分。

2. 镀锌层表面应具有均匀完整的锌层,颜色一致,表面具有实用性光滑，不允许有流挂、滴瘤或多余结块。镀件表面应无漏镀、露铁等缺陷。涂塑层应均匀光滑、连续，无肉眼可分辨的小孔、空间、孔隙、裂缝、脱皮及其他有害缺陷。不符合要求时每处减2分。

3. 混凝土立柱应密实平整，无裂缝、翘曲、蜂窝、麻面等缺陷。不符合要求时每处减2分。

4. 有框架的隔离栅和防落网，网片应与框架焊牢，网片拉紧。整网铺设的隔离栅，端柱与网连接牢固，网面平整绷紧。刺铁丝间距符合设计要求，刺线平直，绷紧。不符合要求时每处减2分。

5. 隔离栅安装位置应符合设计规定。安装线形整体顺畅并与地形相协调。围封严实，安装牢固。不符合要求时每处减2分。

10 环保工程

10.1 一般规定

10.1.1 环保工程包括声屏障工程、绿化工程及服务区污水处理设施工程等。服务区污水处理设施工程纳入房建工程，其质量检验评定应参照有关专业标准与规范进行。

10.1.2 绿化工程的质量检验评定适用于高速公路、一级公路的绿化工程，其他等级公路可参照使用。

10.1.3 绿化工程检验评定的时间应符合下列规定：

　　1. 植物材料与绿化辅助材料的质量与规格应在施工前分批进行检验与控制。

　　2. 植物材料的成活率、发芽率、覆盖率的检验评定应在一个年生长周期满后进行。

10.1.4 木本苗木的品种与规格、树形及整形修剪质量和草种选择、配比、播种量以及修剪质量等均应符合设计要求。苗木挖掘、包装宜符合《城市绿化和园林绿地用植物材料—木本苗》CJ/T 24 的规定。外地调入的苗木与种子应有植物检疫报告，种子应提供由国家法定种子检验机构出具的种子检验报告。所使用的绿化辅助材料均应有产品合格证、检验报告或现场试验报告。

10.1.5 绿化用土应为公路路基工程施工前剥离并保留的自然表土或适合植物生长、肥力较高的熟土，耕作土或森林腐渣质土。种植前应对绿化场地的土壤理化性质进行化验分析，根据分析结果采取相应的土壤改良措施，并提供土质检验报告及土壤改良措施报告。

10.1.6　绿化用水应符合《农田灌溉水质标准》GB 5084 的规定。

10.1.7　种植材料的覆盖物、包装物等应及时进行清理，不得随意乱弃，避免造成环境污染。

10.2　金属结构声屏障

10.2.1　金属结构声屏障的基本要求

1. 基础的埋置深度、材料质量应符合设计要求。

2. 金属立柱的规格、材质不应低于设计要求。

3. 所使用的焊接材料和紧固件必须符合设计要求和现行标准的规定焊接不得有裂纹、未熔合、夹渣和未填满弧坑等缺陷。

4. 金属立柱、连接件和声屏障屏体在运输时，应采取可靠措施防止构件变形或防腐处理层损坏。严禁安装变形的构件。

5. 固定螺栓紧固，位置正确，数量符合设计要求，封头平整无蜂窝麻面。

6. 屏体与基础的连接缝密实，符合设计要求。

10.2.2　金属结构声屏障的实测项目，见表 10.2.2。

金属结构声屏障实测项目表　　　　表 10.2.2

项次	检查项目	规定值或允许偏差	检查方法和频率	权值
1	降噪效果	符合设计要求	按环保复查方法	2

项次	检 查 项 目	规定值或允许偏差	检查方法和频率	权值
2	与路肩边线位置偏移（mm）	±20	尺量；检查30%	1
3	顶面高程（mm）	±20	水准仪；检查30%	1
4	金属立柱中距（mm）	10	尺量；检查30%	1
5	金属立柱竖直度（mm/m）	3	垂线、尺量；检查30%	1
6	镀（涂）层厚度（um）	不小于规定值	测厚仪；检查20%	1
7	屏体厚度（mm）	±2	游标卡尺；检查15%	1
8	屏体宽度、高度（mm）	±10	尺量；检查15%	1

10.2.3 金属结构声屏障的外观鉴定

1. 立柱镀（涂）层均匀，镀（涂）层剥落面、出现气泡、未镀（涂）面、刻痕、划伤面等不超过该构件表面积的0.1%，不符合要求的立柱每根减1分。

2. 屏体颜色均匀一致，无裂纹，划伤面不超过面积的0.1%。不符合要求时每超过0.1%减1分。

3. 基础外观平整美观，不得造成路面污染及构筑物破损，如出现基础表面不平整，有损坏修补痕迹的，每处减1分。

4. 屏体与立柱及屏体间的缝隙必须密实，不符合要求时每处减2分。不密实处应及时处理。

10.3 中央分隔带绿化

10.3.1 中央分隔带绿化的基本要求

1. 中央分隔带的苗木修剪后的高度应为 1.4~1.6m，栽植的株行距合理，应满足防眩功能的要求，不得影响交通安全。

2. 中央分隔带应进行绿化用土回填，回填土的厚度应大于 60cm。

10.3.2 中央分隔带绿化的实测项目，见表 10.3.2。

中央分隔带绿化实测项目 表 10.3.2

项次	检查项目	规定值或允许偏差	检查方法和频率	权值
1	苗木规格与数量	符合设计	尺量：每1km测50m	2
2	种植穴规格	符合 CJJ/T 82 的规定	钢尺量：每1km测50m	1
3	土层厚度	符合 CJJ/T 82 的规定	钢尺量：每1km测50m	1
4	苗木间距（%）	±5	皮尺量：每1km测50m	1
5△	苗木成活率（%）	≥95	目测：每1km测200m	3
6	草坪覆盖率（%）	符合设计	目测：每1km测200m	2

10.3.3 中央分隔带绿化的外观鉴定

1. 苗木的枝条伸出中央分隔带、有烧膛、偏冠等现象，每处减 1 分。

2. 苗木应栽植整齐、竖直。不符合规定减 1~3 分。

3. 连续缺株 4 株以上（含 4 株），每处减 2 分。

4. 苗木、草坪有明显病虫害的减 5 分。

10.4 路侧绿化

10.4.1 路侧绿化的基本要求

1. 路侧绿化的种植材料应符合设计要求，不能及时种植的苗木应进行假植。

2. 边坡绿化施工应按照设计文件所规定的施工方法与工艺进行，严格施工过程质量控制。

3. 边坡绿化施工不得破坏公路路基。

10.4.2 路侧绿化的实测项目，见表 10.4.2。

路侧绿化实测项目表 表 10.4.2

项次	检查项目	规定值或允许偏差	检查方法和频率	权值
1	苗木规格与数量	符合设计	尺量：每 1km 测 50m	1
2	种植穴规格	符合 CJJ/T 82 的规定钢	尺量：每 1km 测 50m	1
3	土层厚度	符合 CJJ/T 82 的规定钢	尺量：每 1km 测 50m	1
4	苗木成活率（%）	≥85%	目测：每 1km 测 200m	2
5△	草坪覆盖率（%）	≥95%	目测：每 1km 测 200m	3
6	其他地被植物发芽率（%）	≥85%	目测：每 1km 测 200m	2

10.4.3 路侧绿化的外观鉴定

1. 草坪应无枯黄、无明显病虫害，不符合要求时减3分。

2. 草坪连续空白面积达 0.5m² 以上，每处减 1~2 分。

3. 边沟外侧绿化带、护坡道绿化带连续缺株 4 株以上（含 4 株），每处减 2 分。

218

4. 苗木有明显的病虫害的减 5 分。

10.5 互通立交区绿化

0.5.1 互通立交区绿化的基本要求

1. 互通立交区绿地整理、撑水应符合设计要求；播种前立清除绿地内的施工废弃物；整体图案应符合设计要求。

2. 孤植树、珍贵树种以及乔木树种应保证成活。

3. 树木种植不应影响行车安全视距。

4. 喷灌设施施工应按施工规范进行，其质量按《建筑工程施工质量验收统一标准》GB 50300 验收。

10.5.2 互通立交区绿化的实测项目见表 10.5.2。

互通立交区绿化实测项目表　　表 10.5.2

项次	检查项目	规定值或允许偏差	检查方法和频率	权值
1	苗木规格与数量	符合设计	尺量：全部	2
2	种植穴规格	符合 CJJ/T 82 的规定	钢尺量：检查 5%	1
3	土层厚度	符合 CJJ/T 82 中表 5.0.2 的规定	钢尺量：检查 5% 种植穴，且不少于 3 穴	1
4	地形标高（mm）	±30	水准仪：每 3000m² 不少 6 点	1
5	苗木成活率（%）	≥95	目测：检查全部	1
6	草坪覆盖率（%）	≥95	目测：测量全部	1

10.5.3 互通立交区绿化的外观鉴定

1. 草坪应无杂草、无枯黄，连续空白面积不得超过

$0.5m^2$，不符合规定的每处减 $1 \sim 2$ 分。

2. 绿地有明显的集水区，每处减 1 分。

3. 绿地草坪、树木有明显病虫害的减 5 分。

4. 喷灌设施不能正常运转的减 5 分。

5. 绿化图案景观效果明显，不符合要求时减 2 分。

10.6 养护管理区、服务区绿化

10.6.1 养护管理区、服务区绿化的基本要求

1. 养护管理区，服务区的绿化宜按照《城市绿化工程施工及验收规范》CJJ/T 82 进行施工。其绿地面积应大于总面积的 30%，绿地内的植被覆盖率应大于 85%。

2. 绿化附属设施的质量按《建筑工程施工质量验收统一标准》GB 50300 验收。

3. 孤植树、珍贵树种以及乔木树种应保证成活。

4. 绿地草坪应符合设计要求，整体图案美观。

10.6.2 养护管理区、服务区绿化的实测项目，见表 10.6.2。

养护管理区、服务区绿化实测项目表　　表 10.6.2

项次	检查项目	规定值或允许偏差	检查方法和频率	权值
1	放样定位	±5% 的设计间距	尺量：抽测 5%	1
2	苗木规格与数量	符合设计	尺量：检查全部	1
3	种植穴规格	符合 CJJ/T 82 的规定	钢尺量：抽测 5%	1
4	土层厚度	符合 CJJ/T 82 的规定	钢尺量：检查 5% 种植穴，且不少于 3 穴	1

项次	检 查 项 目	规定值或允许偏差	检查方法和频率	权值
5	地形标高	±30	水准仪：每 3000m^2 测 6 点，且不少于 6 点	1
6	苗木成活率（%）	≥95%	目测：检查全部	3
7	草坪覆盖率（%）	≥95%	目测：检查全部	3
8	绿化附属设施	符合设计	GR 50300：检查全部	1

10.6.3 养护管理区、服务区绿化的外观鉴定

1. 花卉种植地、草坪应无杂草、无枯黄；草坪应进行修剪，空白面积不应超过 0.5m^2。不符合规定每处减 1~2 分。

2. 绿地整洁，表面应平整，微地形整理应符合设计要求。不符合要求减 3 分。

3. 绿地树木、花卉、草坪应无明显的病虫害。不符合规定减 5 分。

4. 树干应与地面垂直，不符合规定时减 1~3 分。

参 考 文 献

[1] 中华人民共和国交通部.《公路工程质量检验评定标准》（JTG F80/1-2004）[S].北京：人民交通出版社，2004

[2] 中华人民共和国交通运输部.《公路工程标准施工招标文件》[S].北京：人民交通出版社，2009

[3] 交通运输部工程质量监督局，交通运输部职业资格中心.《公路工程试验检测人员考试用书》（公路）[M].北京：人民交通出版社，2012